Alfred Hederer, Klaus Metzger,
Franz Hillenbrand, Erich König

Elektromotorenprüfung

Elektromotorenprüfung

Computerunterstützte Elektromotorenprüfung mit klassischen und modellgestützten Verfahren für die Qualitätssicherung

Dipl.-Phys. Alfred Hederer
Prof. Dr.-Ing. Klaus Metzger
Dr.-Ing. Franz Hillenbrand
Erich König

Kontakt & Studium
Band 536

Herausgeber:
Prof. Dr.-Ing. Wilfried J. Bartz
Technische Akademie Esslingen
Weiterbildungszentrum
DI Elmar Wippler
expert verlag

Die Deutsche Bibliothek – CIP-Einheitsaufnahme

Hederer, Alfred:
Elektromotorenprüfung : computerunterstützte Elektromotorenprüfung mit klassischen und modellgestützten Verfahren für die Qualitätssicherung / Alfred Hederer ... – Renningen-Malmsheim : expert-Verl., 1999
   (Kontakt & Studium ; Bd. 536)
   ISBN 3-8169-1498-5 kart.

ISBN 3-8169-1498-5

Herausgeber-Vorwort

Bei der Bewältigung der Zukunftsaufgaben kommt der beruflichen Weiterbildung eine Schlüsselstellung zu. Im Zuge des technischen Fortschritts und der Konkurrenzfähigkeit müssen wir nicht nur ständig neue Erkenntnisse aufnehmen, sondern Anregungen auch schneller als der Wettbewerber zu marktfähigen Produkten entwickeln. Erstausbildung oder Studium genügen nicht mehr – lebenslanges Lernen ist gefordert!

Berufliche und persönliche Weiterbildung ist eine Investition in die Zukunft.
– Sie dient dazu, Fachkenntnisse zu erweitern und auf den neuesten Stand zu bringen
– sie entwickelt die Fähigkeit, wissenschaftliche Ergebnisse in praktische Problemlösungen umzusetzen
– sie fördert die Persönlichkeitsentwicklung und die Teamfähigkeit.

Diese Ziele lassen sich am besten durch die Teilnahme an Lehrgängen und durch das Studium geeigneter Fachbücher erreichen.

Die Fachbuchreihe Kontakt & Studium wird in Zusammenarbeit des expert verlages mit der Technischen Akademie Esslingen herausgegeben.

Mit ca. 500 Themenbänden, verfaßt von über 2.000 Experten, erfüllt sie nicht nur eine lehrgangsbegleitende Funktion. Ihre eigenständige Bedeutung als eines der kompetentesten und umfangreichsten deutschsprachigen technischen Nachschlagewerke für Studium und Praxis wird von den Rezensenten und der großen Leserschaft gleichermaßen bestätigt. Herausgeber und Verlag würden sich über weitere kritisch-konstruktive Anregungen aus dem Leserkreis freuen.

Möge dieser Themenband vielen Interessenten helfen und nützen.

Prof. Dr.-Ing. Wilfried J. Bartz   Dipl.-Ing. Elmar Wippler

Inhaltsverzeichnis

1.	**Einleitung**	**1**
	A. Hederer	

1.1	Bedeutung der Antriebstechnik und Entwicklungstrends	1
1.2	Prüftechnik und Qualitätssicherung	5
1.3	Normen und Vorschriften	6
Literatur		9

2.	**Meßgrößen, Meßdynamik und Sensorik**	**10**
	A. Hederer	

2.1	Meßgrößen und ihr Zusammenhang	10
2.1.1	Drehmoment und Drehzahl	11
2.1.2	Leistung, Leistungsfaktor und Wirkungsgrad	13
2.1.3	Temperatur und Betriebsarten	15
2.1.4	Vibrationen und Schall	20
2.2	Meßdynamik und Signalanalyse	23
2.2.1	Meßdynamik	23
2.2.2	Signalanalyse	28
2.3	Anforderungen an die Sensorik	38
Literatur		55

3.	**Aufbau und Möglichkeiten von klassischen Prüfständen**	**57**
	E. König	

3.1	Einleitung	57
3.2	Allgemeine Beschreibung des Prüfstands	57
3.3	Aufbau und Einzelkomponenten von Elektromotorenprüfständen	59
3.3.1	Belastungseinrichtungen	59
3.3.2	Kupplungselemente	61
3.3.3	Mittel zur Erfassung der Meßwerte	61
3.3.4	Steuerrechner und Auswertesoftware	62
3.3.5	EG-Richtlinie Maschinen	62
3.4	Drehmomentmeßwellen	63
3.4.1	Einleitung	63

3.4.2	Meßmethode Dehnungsmeßstreifen	64
3.4.3	Drehmomentmeßwelle für Prüfstandanwendungen	65
3.5	Kalibrieren und EN 29000	70
3.5.1	Prüfmittelüberwachung und Rückführbarkeit	70
3.5.2	Eichen, Kalibrieren und Justieren	71

4. Grundlagen der Parameterschätzverfahren (PI-Verfahren)   **74**
K. Metzger

4.1	Einleitung	74
4.2	Stand der Technik beim Motortest	74
4.3	Vom Motortest zur Motordiagnose	75
4.4	Modellgestützte Meßtechnik	76
4.5	Modellbildung bei DC-Motoren	77
4.6	Ermittlung der Motorparameter	79
4.7	Signalvorverarbeitung durch Filterung	79
4.8	Wahl der Filtergewichtsfunktion	81
4.9	Filterrealisierung	81
4.10	Anwendung auf Elektromotoren	84
4.11	Bestimmung der Drehzahl ohne direkte Messung	84
4.12	Meßergebnisse	86
4.13	Erfassung von Spezialeffekten	88
4.14	Bestimmung der charakteristischen Motorkennlinien	88
4.15	Geräuschanalyse ergänzt die Diagnose	94
4.16	Sonderprüfungen	95
4.17	Bürstenspannungsabfall als Funktion des Motorstroms	95
4.18	Drehmomentenschwankung über dem Umfang	96
4.19	Zusammenfassung	96
4.20	Literatur	97

5. Parameteridentifikation von Synchron- und Asynchronmotoren   **98**
F. Hillenbrand

5.1	Einführung	98
5.2	Modellbildung	99
5.2.1	Durchflutungsverlauf einer symmetrischen Wicklung	99
5.2.2	Transformation auf ein Zweiphasensystem	101
5.2.3	Induktivitäten und magnetische Leitwertfunktion	102
5.2.4	Spannungs- und Bewegungsgleichungen	104
5.2.5	Komplexe Zusammenfassung der Spannungsgleichungen	105
5.3	Parameterschätzung bei Synchronmaschinen mit Permanenterregung	107

5.4	Parameterschätzung bei Asynchronmaschinen mit Kurzschlußläufern	111
5.4.1	Bestimmung der Leerlaufparameter	115
5.4.2	Bestimmung der Kurzschlußparameter	117
5.4.3	Verzicht auf Drehzahlmeßwerte	120

6. Klassifikation in der akustischen Abnahmediagnostik 122

F. Hillenbrand

6.1	Einführung	122
6.2	Formulierung des Klassifikationsproblems	123
6.3	Clusteranalyse	123
6.4	Lernverfahren und Entscheidungsfunktion	125
6.5	Beispiel	126
6.6	Merkmale in der akustischen Abnahmediagnostik	128

Sachregister 132

1 Einleitung
Alfred Hederer

1.1 Bedeutung der Antriebstechnik und Entwicklungstrends

Seit der Einführung des Elektromotors (DC-Motor 1832) bestimmen elektrische Antriebe im hohen Grade das Geschehen in der Industrie. Die Produktgüte ist entscheidend von der Präzision des Antriebs abhängig. Zum Beispiel ist die Qualität einer Werkzeugmaschine direkt mit der Positioniergenauigkeit der Vorschubantriebe gekoppelt. Eine optimale Prozeßführung hängt oft genug von der genauen Drehzahlveränderbarkeit des Antriebs ab. Elektrische Antriebe sind überdies die universellsten Aktoren in der Automatisierungstechnik. Es ist sicherlich nicht übertrieben, die elektrische Antriebstechnik als Stützpfeiler des gesamten Maschinenbaus und der Automatisierungstechnik zu bezeichnen. Das drückt sich auch im Marktvolumen aus. Allein die westdeutsche Produktion lag 1995 bei 10 Milliarden Mark.

Die Elektronik bestimmt und erweitert zunehmend die Funktionalität der elektrischen Antriebssysteme. Mit verbesserten Bauelementen der Leistungselektronik bei gleichzeitig gesunkenen Preisen übernehmen Stromrichter und Frequenzumformer zunehmend die Stromspeisung der Elektromotoren. MOSFET im unteren, IGBT (Insulated Gate Bipolar Transistor) im mittleren und GTO-Thyristoren (Gate Turn Off) im oberen Leistungsbereich (bis über 10 MW) ermöglichen die Geschwindigkeitsregelung für praktisch alle Einsatzbereiche.

Neue Regelalgorithmen in Verbindung mit Signalprozessoren hoher Rechenleistung (DSP) erlauben zunehmend die durchgängig digitale Regelung von Drehmoment, Drehzahl und Lage. Herausragendes Ergebnis ist die feldorientierte Regelung (Vector Control) für den Wechselstrom-Induktionsmotor.

Die **Feldbus**-Technik (z. B. Profibus) ermöglicht die Bedienung des Antriebs von einem übergeordneten Automatisierungssystems aus. Damit werden Ferndiagnose, Parametrierung, Betriebsdatenerfassung usw. ermöglicht bzw. erleichtert.

Hochintegrierte ASICs in den Umformern oder im Motor selbst führen Antriebs-, Steuer- (SPS-) und Regelungsfunktionen zusammen, so daß mechanische Kopplungen über Zahnriemen, Gelenkwellen usw. aufgelöst und durch Einzelantriebe ersetzt werden können.

Neue Motorkonzepte erweitern das Spektrum der Antriebssyteme. Genannt sei der bürsten- und magnetlose geschaltete Reluktanz-Motor (meist switched Reluctance-Motor oder kurz SR-Motor genannt), dessen Prinzip allerdings schon im letzten Jahrhundert bekannt war. Nicht zuletzt haben auch die Fortschritte bei der Entwicklung neuer magnetischer Materialien zu neuen Motoren geführt. Z. B. haben Seltene-Erde-Magnete mit Remanenzinduktionen von über 1 T (Tesla) verbesserte dauermagneterregte Gleichstrom- und Synchron-Motoren ermöglicht.

Die ständig wachsende Funktionalität der Elektromotoren, aber auch verschärfte Vorschriften (z. B. bei der Produkthaftung) und neue Normen (z. B. ISO 9000) verlangen natürlich auch geänderte und zusätzliche Prüfungen. Mit der verbesserten Drehzahlregelung bei der Motorspeisung über Stromrichter geht eine komplexere Leistungsmessung und -analyse einher. Die Erfüllung der Norm ISO 9000 verlangt kalibrierte Meßgeräte und umfassende Dokumentation (Archivierung der Datensätze), um der durchgehenden Rückverfolgbarkeit der Produktentstehung gerecht zu werden. Der Rechner des Prüfstandes muß dazu eine angepaßte Datenbank besitzen, die nicht nur große Mengen Datensätze aufnehmen, sondern auch bestimmte Eigenschaften herausfiltern und darstellen können.

Neue Analysemethoden, wie Fuzzy-Logic und neuronale Netze, können in einigen Fällen die Testmethoden ergänzen und verbessern. Das trifft besonders auf Meßgrößen zu, die an menschliche Empfindungen gekoppelt und somit von Natur aus nur unscharf definiert werden können. Motorgeräusche, die einerseits niedrig gehalten werden müssen und andererseits der Analyse von Motorschäden dienen können, sind für den Einsatz der Fuzzy-Logic ein herausragendes Beispiel. Ganz allgemein macht es die Fuzzy-Logic möglich, unscharfes Expertenwissen mit dem Rechner zu bewerten und mit der Meßdatenerfassung zu verbinden.

Von den Anwendern der Antriebssysteme werden neue Einsatzprofile definiert, die zur Entwicklung neuer Motoren führen und ständige Tests für die Anpassung an das Profil verlangen. Ein markantes Beispiel ist die Entwicklung neuer elektrischer Antriebe für Kraftfahrzeuge. Die Verminderung - noch besser Vermeidung - von Schadstoffemissionen verlangt zur Steigerung der Effektivität des Elektroautos neben der Verminderung des Energiespeichervolumens und -gewichts auch neue Regelalgorithmen für den Fahrbetrieb.

Bereits aus den wenigen skizzierten Anforderungen an den Motorenprüfstand oder Prüfsystem folgt, daß einerseits die Funktionalität wachsen (besonders im Labor bei Neuentwicklungen oder bei der Optimierung von Antriebssystemen im Prüffeld mit Dauertests), andererseits eine schnelle, aber dennoch präzise Stückprüfung in der Produktion möglich sein muß. Diese sehr unterschiedlichen Prüfmethoden sollen in den folgenden Kapiteln ausführlich beschrieben werden.

Im gleichen Maße wie die Elektronik in ihrer Gesamtheit aus Hard- und Software die Elektromotoren verbessert und für ganz neue Einsatzgebiete brauchbar gemacht hat, sind auch die Prüfmethoden effektiver, präziser und für ganz neue Aufgabenstellungen anwendbar geworden. Dabei wurde die Bedienung vereinfacht und wiederkehrende Prüfabläufe automatisiert. Selbst für mehr oder weniger komplexe Antriebssysteme (z. B. Motor/Pumpe) kann über sogenannte „Belastungsprofile" der Motor ohne Zuschaltung der für den späteren Betrieb vorgesehenen Last systemoptimiert werden.

Der universelle **klassische Motorenprüfstand** (Bild 3.1, S. 58 und Tabelle 1.1) ist für den Test und die Optimierung der unterschiedlichsten Antriebssysteme konzipiert. An die **Mechanik** zur Aufnahme von Drehmomentmeßwelle, Bremsmaschine und Prüfling sind hohe Anforderungen zu stellen, besonders was die Flucht aller Komponenten betrifft. Die **Speisung** von Prüfling und Last muß alle Stromarten umfassen und regelbar sein. Da die Antriebssysteme jede nur denkbare Last (Pumpen, Sägen, Förderbänder, Hauptspindel- und Vorschubachsen etc.) beinhalten können, muß praktisch das ganze Spektrum der **Sensorik** aufgeboten werden. Beim Antrieb einer Pumpe sind die motorspezifischen Größen Drehmoment und Drehzahl mit Druck und Durchfluß in Beziehung zu bringen. Das erfordert den Einsatz der unterschiedlichsten Sensorprinzipien (induktiv, piezoelektrisch etc.) und die Signalanpassung (Signalcondition) mit Verstärkung, Linearisierung, Filterung und gegf. Vorverarbeitung (z. B. Mittelwertbildung). Die entsprechenden Meßeinschübe besitzen dann eigene Rechenleistung und A/D-Wandler, so daß eine Online-Darstellung der Meßergebnisse möglich ist.

Der Archivierung der aufgenommenen Datensätze kommt für die nachträgliche **Auswertung** große Bedeutung zu, so daß sich eine eigens für die Auswertung von Meßdaten konzipierte Datenbank empfiehlt. In erster Linie sind das die auf die Meßtechnik ausgerichteten Suchkriterien (z. B. Ausgabe aller Dateien einer bestimmten Meßgröße mit vorgegebenen Meßbereichen in einem bestimmten Zeitraum).

Aus der großen Vielfalt der möglichen Prüfprogramme wird man immer nur einen Teil für spezifische Augabenstellungen benötigen. Es ist deshalb unbedingt erforderlich, daß der Prüfstand in allen Teilen, und zwar sowohl in der Hardware als auch in der Software, **modular** aufgebaut ist. Das Hinzufügen oder die Änderung von Komponenten und Funktionen muß sich problemlos durchführen lassen.

Für die Kontrolle des Motors am Ende des Fertigungsvorganges sind natürlich die eben skizzierten universellen Prüfmethoden ungeeignet. Hier ist es notwendig, fehlerhafte Motorexemplare in kürzester Prüfzeit und dennoch mit großer Sicherheit zu erkennen und die Kosten für die Prüfung in Grenzen zu halten. Eine perfekte Lösung dieser Aufgabenstellung hat die Prüfung des Motors auf der Basis der **Modellbildung** gebracht. Der Motor wird sowohl in seinen mechanischen als auch in seinen elektrischen Funktionen mittels Differentialgleichungen beschrieben, die aber nicht analytisch gelöst werden müssen. Vielmehr werden Eingangsgröße (Motorspannung) und Ausgangsgröße (Motorstrom) gemessen und die unbekannten Parameter (Motorwiderstand, Induktivität etc.) solange verändert, bis sie der gemessenen Lösung der Differentialgleichung entsprechen **(Parameterverfahren)**. Dabei zeigt sich, daß sogar Fehlerart und -ort zusätzlich ermittelt werden. Auf eine zusätzliche Last (Bremsmaschine) kann verzichtet werden; es genügt die Trägheit des Motors beim beschleunigten Hochfahren. Über digitale Filterung (Kalmann-Filter) läßt sich zusätzlich noch der Drehzahlverlauf ermitteln. Das Parameterverfahren erfordert große Rechenleistung, die aber inzwischen vom PC kostengünstig zur Verfügung gestellt werden kann.

3

Mechanik	Stromversorgung	Sensorik	Sensorik	Software	Hardware
Rahmengestell	Generator Prüfling	Drehmoment M	Wicklungs-widerst. R	Bediener-SW	Rechner (PC)
Prüflingsadapter	Generator Bremsmaschine	Drehzahl n	Tempertur ϑ	Parametrier-SW	Signalconditioner
Adaption Sensoren	Stelltransformatoren	Spannung U	Vivrationen s/f	Prüfprogramme	HW-Signalanalyse
	Frequenzumformer	Strom I	Geräusch-pegel L_p	Autom. Prüfablauf	Drucker
		Leistung P	Lastkennwerte	Meßdaten-darstellung	Interface Vernetzung

Tab. 1.1: Komponenten des klassischen Elektromotor-Prüfstands

1.2   Prüftechnik und Qualitätssicherung

Qualität ist beileibe kein neuer Begriff. Allerding hat sich sein Inhalt gravierend geändert. Aus Gebrauchstauglichkeit und Zuverlässigkeit, die in der Vergangenheit im wesentlichen für Qualität standen, hat sich die Erfüllung von Kundenanforderungen entwickelt. Präziser kann mann es in der „DGQ-Schrift Nr. 11-04 (Deutsche Gesellschaft für Qualität) nachlesen:

> „Qualität ist die Gesamtheit von Eigenschaften und Merkmalen eines Produkts oder einer Tätigkeit, die sich auf deren Eignung zur Erfüllung gegebener Erfordernisse beziehen."

In einem „Qualitätskreis" führt die DGQ alle für die Qualität des Produktes verantwortlichen Eckpfeiler in der Reihenfolge Qualität der Produktgestaltung - Qualität der Fertigungsanweisungen - Qualität des Vormaterials - Fertigungsqualität - **Qualität der Prüfung** - Lager- und Versandqualität - Montagequalität - Servicequalität auf. Von der Produktgestaltung bis zur Fertigungsqualität werden die Voraussetzungen für eine Fehlervermeidung beschrieben, so daß eine kostspielige Fehlerkorrektur weitgehend vermieden wird. Zur Verwirklichung dieses Zieles und zur Vermeidung von Widersprüchen zwischen Kundenerwartungen und technischen Möglichkeiten wurden Planungsmethoden entworfen, die bei Neuentwicklungen Zeit und Kosten sparen. Allen voran die **QFD** (Quality Funktion Deployment - Kundenorientierte Produktentwicklung), mit der die Kundenerwartungen in Produktspezifikationen umgesetzt werden können. Sie enhält alle Vorgaben für Entwicklung, Fertigung und Prüfung. Außerdem kann mit QFD der Einsatz weiterer Ingenieur-Werkzeuge koordieniert werden. Dazu gehören z. B. **FMEA** (Failure Modes and Effects Analysis - Fehlermöglichkeiten und Einflußanalyse) und **SPC** (Statistical Process Control - Statistische Prozeßregelung).Die Prüfverfahren sind integraler Bestandteil des Qualitätssicherungssystems, und die mit ihnen gewonnenen Ergebnisse bestimmen den Qualitätsmanagement-Prozeß, dessen Endziel die Übereinstimmung von Kundenforderung mit der Produkteigenschaft ist. Mit **CAQ-Systemen** (Computer Aided Quality Management Systeme) können **Prüfplanung** (z. B. Vorgabe von Sollwerten, Toleranzgrenzen, Warngrenzen und Eingriffsgrenzen für meßbare Merkmale), **Losprüfung** (Stichprobenverfahren nach DIN ISO 2859 und DIN ISO 3951), **Prüfmittelverwaltung** (Bestand, Zustand und Einsatz) und **Prüfsteuerung** (Vorgabe von Prüfaufträgen durch übergeordnete Abteilungen) verwaltet und veranlaßt werden. Software-Pakete für das CAQ sind auf dem Markt zu haben (z. B. „SICALIS" von Siemens). Mit CAQ lassen sich praktisch alle qualitätsrelevanten Daten erfassen und auswerten. Die Anforderungen an Computer-Hard- und Software mit der Möglichkeit der Vernetzung, aber auch an die Meß- und Prüftechnik sollten nicht unterschätzt werden. Zum Beispiel ist zu bedenken, daß mit der verbesserten Qualität der Produkte auch eine verbesserte Meßtechnik erforderlich wird: Wenn die Abweichungen vom Sollwert kleiner werden, muß zu ihrer Erfassung die Meßgenauigkeit größer werden. Hinzu kommt, daß die immer bedeutendere Dynamik bei den Elektromotoren auch eine größere Bandbreite bei den Meßgeräten notwendig wird.
Neben der Qualität im oben definierten Sinne, ist für den Anwender auch die

Zuverlässigkeit von gleichrangiger Bedeutung. Nach den Vorgaben der DGQ ist das „Qualität unter vorgegebenen Anwendungsbedingungen während oder nach einer vorgegebenen Zeit". Für ihren Test sollte der Prüfstand automatisch ablaufende Versuchsreihen unter realistischen Betriebsbedingungen ermöglichen. Dabei ist leicht einzusehen, daß nicht nur die Anzahl der produzierten Datensätze, sondern noch mehr ihre Auswertung problematisch werden kann. Man sollte deshalb darauf achten, daß die im Prüfstand installierte Speicherkapazität und Rechenleistung jederzeit angepaßt werden können. Wie bereits erwähnt, wird die Auswertung und Darstellung der Meßergebnisse durch eine angepaßte Datenbankstruktur gefördert.

Zur Abstimmung der Prüfaufgaben mit den Anforderungen der Qualitätssicherung empfiehlt sich auch die Einsicht in die **„DGQ-Schrift Nr. 11 der Deutschen Gesellschaft für Qualität"** und die Beachtung der Normen **DIN 55350** und **DIN ISO 8402**.

1.3   Normen und Vorschriften

Eng verknüpft mit der Erfüllung des Qualitätsstandards ist die Einhaltung von Vorschriften und Normen. Der Prüftechnik fallen hieraus mannigfaltige Aufgaben zu; angefangen mit der Messung der Motor-Kenndaten, der Ermittlung der Wärmeverluste bei unterschiedlichen Betriebsarten oder der Aufnahme von Geräuschwerten.Für den Qualitätsnachweis und zur Vermeidung von Produkthaftung wird zudem eine lückenlose Dokumentation der Meß- und Prüfergebnisse erforderlich.

Es sind besonders zwei Richtlinien, die bei der Prüfung von Elektromotoren zu beachten sind:

1. die rechtlich bindende **Vorschrift DIN VDE 0530 „Umlaufende elektrische Maschinen"**, ohne deren Einhaltung die Entwicklung oder der Betrieb der Motoren nicht möglich ist, und
2. die „freiwillige" **Norm DIN ISO 9000 „Modell zur Darlegung der Qualitätssicherung"**, die zwar rechtlich nicht bindend ist, aber aus Gründen des Marketings, der Produkthaftung und des Aufbaus eines zuverlässigen Qualitätssicherungs-Systems kaum noch unbeachtet bleiben kann.

Die Vorschrift DIN VDE 0530 besteht aus 20 Teilen, von denen für die Prüfung der Elektromotoren die folgende Auswahl von besonderer Bedeutung ist:

Teil 1: „Allgemeines, Nennbetrieb und Kenndaten"
Teil 2: „Ermittlung der Verluste und des Wirkungsgrades"
Teil 5: „IP Schutzarten"
Teil 9: „Geräuschgrenzwerte"

Weiterführende Auflistungen, die entsprechenden Vorschriften des ÖVE (Österreichischer Verband für Elektrotechnik) und des SEW (Schweizerischer Elektrotechnischer Verein) sowie die Publikationen der IEC und der CENELEC findet man in [1, S. 365].

Die Norm DIN ISO 9000 (mit Einschluß der Europanorm EN 29 000) ist eine sog. Systemnorm (zum Unterschied einer Produktnorm) die die Anforderungen an ein Qualitätssicherungs-System beschreibt und mit der vorhandene Systeme gegengeprüft werden. Die Grundlagen stammen aus den Anforderungen für Beschaffung und Fertigung der militärischen und nuklearen Industrie. Den verwendeten Begriffen liegt die Norm ISO 8402 zugrunde.

Die Norm ist mehrstufig aufgebaut, so daß (abhängig von der Komplexität des Produkts) der Abnehmer eine passende Nachweisstufe fordern kann:
1. ISO 9000: Leitfaden zur Auswahl und Anwendung der Normen
2. ISO 9001: Modell zur Darlegung der Qualitätssicherung in Design/Entwicklung, Produktion, Montage und Kundendienst
3. ISO 9002: Modell zur Darlegung der Qualitätssicherung in Produktion und Montage
4. ISO 9003: Modell zur Darlegung der Qualitätssicherung bei der Endprüfung
5. ISO 9004
   Teil 1: Qualitätsmanagement und Elemente eines Qualitätssicherungssystems
   Teil 2: Leitfaden für Dienstleistungen

Danach können ISO 9000 und ISO 9004, Teil 1 als „Gebrauchsanweisung" betrachtet werden, während die übrigen Normen unterschiedliche Nachweisstufen definieren. Wenn z. B. das Design eines Produkts vorgegeben ist (Schrauben etc.), ist die Nachweisstufe ISO 9002 ausreichend; besteht des Produkt aus schon zertifizierten Teilen, genügt die Nachweisstufe ISO 9003 (Endprüfung). Ein detaillierter Leitfaden zur ISO 9000 ist in [2] gegeben.

Unabhängig , wie man ISO 9000 bewertet - man kann auch nach Einführung der Norm noch Ausschuß produzieren, dann also „zertifizieren" [3] - kommen an dieser Norm die meisten Unternehmen nicht mehr vorbei. Das belegt schon die Tatsache, daß 1996 bereits über 12000 deutsche und mehr als 200 000 weltweite Unternehmen sich dem aufwendigen und kostspieligen Zertifizierungsverfahren unterzogen haben. Der wichtigste Aspekt ist sicher die Tatsache, daß der Verkauf der Produkte oder Dienstleistungen an öffentliche Auftraggeber und multinationale Abnehmer nur noch mit **ISO 9000-Zertifikat** möglich ist. Ein kaum weniger wichtiger Grund dürfte die Einbeziehung der Norm in Streitfälle über Produkthaftung sein. Die für die Zertifizierung notwendige (und aufwendige) Beschäftigung mit allen betrieblichen Abläufen bringt natürlich neben der Qualitätssicherung die gleichzeitige Reduzierung von Ausschuß.

Für die Prüftechnik resultieren aus der Einhaltung von ISO 9000 Anforderungen der verschiedensten Art. Der Endprüfung liegt, wie oben aufgeführt, eigens die Norm ISO 9003 zugrunde. Dabei sollte die Endprüfung nicht der Aussortierung fehlerhafter Produkte dienen, sondern zur Bestätigung der gefertigten Qualität. Vereinbart werden entweder **100%ige Endprüfung, losweise Stichprobenprüfung** oder **kontinuierliche Stichprobenprüfung**.

Die Norm verlangt außerdem ein System zur **Prüfmittelüberwachung,** das **kalibrierte Meßgeräte** mit angepaßten Meßbereichen, hinreichender Genauigkeit etc. bereitstellt. Ausgangskalibrierung, periodische Neukalibrierung und Rückverfolgbarkeit auf eine Bezugnormale sind nachzuweisen. Der Prüfmittelüberwachung von ISO 9000 liegt die Norm ISO 10012 „Forderungen an die Qualitätssicherung von Meßmitteln" zugrunde. Die Kalibrierung der Prüfmittel kann nur von einem akkreditierten Kalibrierdienst gemäß ISO 45 000 durchgeführt werden. Einer der Eckpfeiler von ISO 9000 ist der Begriff der **Rückverfolgbarkeit.** Auch nach Auslieferung des Produktes muß seine Entstehungsgeschichte nachvollzogen werden können. Herkunft der Komponenten, alle Fertigungsschritte und Prüfungen mit ihren Verantwortlichen sind zu protokollieren, was zwangsläufig eine komplexe und vor allem umfangreiche Dokumentation nach sich zieht. Allein für die Prüftechnik ist ein solcher Dokumentationsumfang ohne rechnergestützten Prüfstand nicht zu bewältigen.

EMV-Richtlinie: Seit dem 01. Januar 1996 besteht für Produkte, die der *EMV-Richtlinie 89/336/EWG* entsprechen (und dazu gehören auch die Elektomotoren und Antriebssysteme), Pflicht zur *CE-Kennzeichnung* (Communauté Européenne, Europäische Gemeinschaft). In **DIN 57870, Teil 1 und DIN 57871, Teil 1** findet man folgende Definition:

„Elektromagnetische Verträglichkeit (EMV) bzw. Electro-Magnetic-Compatibility (EMC) ist die Fähigkeit einer elektrischen Einrichtung, in ihrer elektromagnetischen Umgebung zufriedenstellend zu funktionieren und dabei diese Umgebung, zu der auch andere Einrichtungen gehören, nicht unzulässig zu beeinflussen."

Im einzelnen ist dies in den beiden Normen

EN 50081 - Störaussendung
EN 50082 - Störfestigkeit

beschrieben. Die Kennzeichnung kann entweder in Selbstverantwortung oder nach einer Baumusterprüfung und Ausstellung einer *EU-Konformitätserklärung* erfolgen. Die Baumusterprüfen muß von einem vom Bundesamt für Post und Telekommunikation (BAPT) akkreditierten Unternehmen durchgeführt werden. Der Verkauf der Elektromotoren (und aller anderen elektrischen Einrichtungen) ist ohne CE-Kennzeichnung nicht mehr möglich.

Mit Hilfe der Prüfstandstechnik wird es möglich, die entsprechenden Messungen unter allen für den Motor zugelassenen Betriebsbedingungen und bei allen möglichen Umgebungsbedingungen komfortabel und zeitsparend durchzuführen, und zwar schon in der **Design-Phase.** Nur so können frühzeitig kritische Komponenten und später ein aufwendiges Redesign vermieden werden. Die Anforderungen an die notwendigen **Meßgeräte** sind in **DIN EN 4501** vorgegeben. Eine Vertiefung der EMV-Meßmethoden ergibt das Studium der Normen

DIN 57876 "Geräte zur Messung von Funkstörungen" und
DIN 57877 "Messen von Funkstörungen".

Literatur

[1] Fischer, R.: "Elektrische Maschinen"; Carl Hanser Verlag, ISBN 3-446-16482-0
[2] Rothery, B.: "Der Leitfaden zur ISO 9000", Carl Hanser Verlag
[3] Wirtschaftswoche Nr. 30 (1966), S. 30

2 Meßgrößen, Meßdynamik und Sensorik
Alfred Hederer

2.1 Meßgrößen und ihr Zusammenhang

Die Klassifizierung der Elektromotoren erfolgt in erster Linie durch die an der Welle zur Verfügung stehende mechanische Leistung $2\pi M$ als Ergebnis der eingespeisten **elektrischen Leistung I·U**. Das Verhalten bei einer bestimmten Last und bei sich ändernder **Drehzahl n** beschreibt die **Motorkennlinie M = M(n)**. Ihr Verlauf entscheidet über die möglichen Einsatzgebiete des Motors. Mit steigender Leistung nimmt der **Wirkungsgrad** η zu. Die Leistungsbilanz des Motors ist mit der in Wärme umgesetzten Verlustleistung P_v gegeben durch $P_m = P_e - P_v$ und der Wirkungsgrand als Verhältnis $\eta = P_m/P_e$ (ausführlichere Definitionen in den folgenden Abschnitten).

Mit dem Wirkungsgrad eng verknüpft, ist die Messung der **Temperatur** ϑ bei unterschiedlichen Betriebsarten und Belastungen.

Die Erfassung und Bewertung von **Vibrationen**, die bei Überschreitung bestimmter Grenzwerte auf Motordefekte schließen lassen, ist ein eigenes Feld der Motorenprüfung und Meßwertanalyse.

Die **Geräuschemissionen** (in der Mehrzahl als Folge der Vibrationen), die bei bestimmten Frequenzspektren und bei Überschreitung höherer Pegel als lästig oder gar schädigend wirken, müssen nach DIN 57 530 analysiert werden.

Zur Beurteilung des Isoliervermögens sieht VDE 0530 im Teil 1 eine **Wicklungsprüfung** vor.

Neben diesen, auf den Motor selbst bezogenen Größen, erfordert die Bewertung eines **Antriebssystems** (Motor + Last) auch die Messung der lastspezifischen Größen. Bei einer Pumpe als Last zum Beispiel Druck und Durchfluß. Es sei jedoch erwähnt, daß moderne Prüfstände in vielen Fällen eine Lastsimulation (s. Kap. 3) zulassen.

Im Rechner sind schon bei wenigen Meßgrößen und kurzen Versuchszeiten eine große Zahl von Datensätzen zu speichern, die nach den verschiedensten Gesichtspunkten ausgewertet werden müssen. Dabei ist nicht nur eine große Speichertiefe von Bedeutung, sondern auch eine Verzeichnisstruktur in der Datenbank, die ein effektives Suchprogramm für die Meßdateien ermöglicht. Die Speicherung von Verzeichnisnamen, Dateinamen und Kanalnamen sollte automatisch erfolgen(Beispiele siehe Datenbank „SEARCH von imc), schon um eine doppelte Aufnahme zu vermeiden. Die Auswertung kann dann leicht auf Datensätze bezogen werden, die definierte Ereignisse enthalten (z. B. Temperatur > 80°). Das ist auch für die Darstellung der Meßergebnisse in Tabellen- oder Kurvenform vorteilhaft. Bei Langzeitmessungen ist eine Echtzeitdatenreduktion

9

hilfreich. Durch Einsatz von Signalprozessoren und speziellen Rechenalgorithmen ist es möglich, nur solche Meßwerte zu speichern, die sich gegenüber dem vorangegangenen um einen vorgegebenen Mindeswert geändert haben. Nicht alle erwähnten Größen müssen gemessen werden; die unten aufgeführten Beziehungen lassen teilweise eine Berechnung zu.

2.1.1 Drehmoment und Drehzahl

Für ein Antriebssystem ist das **Drehmoment M** die entscheidende Kenngröße. Seine Größe und sein Verlauf als Funktion der **Drehzahl n** bestimmen wesentlich den Einsatzbereich des Motors. Schon zu Beginn einer Neuentwicklung sind Drehmoment und die mit ihm verknüpfte Leistung die Eckdaten für die erforderliche Baugröße des Motors.

Die Entstehung des Drehmoments M basiert auf dem physikalischen Gesetz, daß ein vom Strom I durchflossener Leiter der Länge l im Magnetfeld mit der Flußdichte (magnetischen Induktion) B eine Kraft F erfährt, wobei I, B und F als Vektoren anzusehen sind:

$$\vec{F} = l \cdot [\vec{I} \otimes \vec{B}] \tag{2.1}$$

Danach tragen von den stromdurchflossenen Leitern des Ankers nur die axialverlaufenden Anteile zur Kraftwirkung bei, die das Magnetfeld im Luftspalt senkrecht schneiden. Versteht man also unter I nur die Axialanteile, kann man auf die vektorielle Darstellung verzichten. Die Kraft F wirkt tangential am Anker mit dem Durchmesser d und erzeugt das Drehmoment

$$M = \frac{d}{2} \cdot l \cdot I \cdot B \tag{2.2}$$

Bei Verwendung des Internationalen Einheitssystems (SI) erhält man das Drehmoment in Nm = Ws = J (Newton·Meter = Watt·Sekunde = Joule). Bei Verwendung der Krafteinheiten Kilopond (kp) oder pound (lb) und der Längeneinheit foot (ft) ergeben sich folgende Umrechnungen:
1 N·m = 0,737 lb·ft = 0,102 kp·m bzw. 1 lb·ft = 1,356 N·m = 0,138 kp·m.
Die **Drehzahl n** wird in SI-Einheiten als reziproke Sekunde (1/s) oder (häufiger) als reziproke Minute (1/min) angegeben. Zwischen Drehwinkel α, Winkelgeschwindigkeit ω und Drehzahl n besteht die Beziehung

$$\frac{d\alpha}{dt} = \omega = 2\pi \cdot n \tag{2.3}$$

Für die Messung des Drehmoments in der klassischen Prüfstandstechnik wird meistens die elastische Verformung einer mit Prüfling und Bremse fluchtigen Drehmomentmeßwelle herangezogen. Das Drehmoment M bewirkt eine Verdrillung der Meßwelle um den Winkel α, der z. B. mittels Dehnungsmeßstreifen (DMS) ermittelt werden kann. Die Beziehung zwischen M und α lautet

10

$$M = \frac{\pi \cdot S \cdot d^4}{32 \cdot l} \cdot \alpha \qquad (2.4)$$

S = Torsionsmodul in N/mm²
d = Durchmesser,
l = Länge der Welle

Drehmoment-Meßwellen auf DMS- oder auch induktiver Basis lassen sich mit großer Genauigkeit herstellen (< 0,1%), die aber nur genutzt werden kann, wenn der Einbau in das Antriebssystem mit größter Präzision erfolgt. Zum Beispiel bewirkt ein Einbau, bei dem Motor, Meßwelle und Bremse nicht genau fluchtend sind, Fehler, die sich aus dem Zusammenhang zwischen Drehmoment M und Trägheitsmoment J ableiten lassen:

$$M = \frac{d\omega}{dt} \cdot J \qquad (2.5)$$

$\dfrac{d\omega}{dt}$ = Winkelbeschleunigung in s⁻²

J   = Trägheitsmoment in kg m²

Das Trägheitsmoment einer zylinderförmigen Meßwelle mit dem Radius r ist

$$J = \frac{1}{2} m \cdot r^2 \qquad (2.6)$$

Rotiert die Meßwelle jedoch um eine Achse, die um den Abstand a vom Zentrum versetzt ist, dann ergibt sich das Trägheitsmoment nach dem Satz von Steiner zu

$$J = m \cdot \left(\frac{r^2}{2} + a^2 \right) \qquad (2.7)$$

Der relative Fehler beim Trägheitsmoment ist nach Gleichung (2.5) gleich dem des Drehmoments und errechnet sich zu

$$\frac{\Delta J}{J} = \frac{\Delta M}{M} = \frac{2a^2}{r^2} \qquad (2.8)$$

Schwerwiegender als dieser Fehler bei der Drehmomentmessung sind allerdings die dann auftretenden Schwingungen, die bei Resonanzen die Meßwelle zerstören können (s. Kap. 3).

2.1.2 Leistung, Leistungsfaktor und Wirkungsgrad

Die vom Motor aufgenommene elektrische Leistung ist

$$P_e = (\vec{I} \cdot \vec{U}) = I \cdot U \cdot \cos\varphi, \qquad (2.9)$$

die an der Motorwelle vorhandene Leistung bei einem Wirkungsgrad η

$$P_m = \frac{P_e}{\eta} \cdot \qquad (2.10)$$

Bei Gleichstrom ist der **Leistungsfaktor** $\cos\varphi = 1$.
Für den Drehstrommotor ergeben sich die nachstehenden Leistungswerte.

Aufgenommene Scheinleistung: $\qquad S = \sqrt{3}IU = \dfrac{P_m}{\eta\cos\varphi}$

Aufgenommene Wirkleistung: $\qquad P_e = \sqrt{3}IU \cos\varphi = \dfrac{P_m}{\eta}$

Aufgenommene Blindleistung: $\qquad Q = \sqrt{3}IU \sin\varphi = \dfrac{P_m \tan\varphi}{\eta}$

Bei Einphasen-Wechselstrom entfällt der Wert $\sqrt{3}$. Außerdem gilt: $S^2 = P_m^2 + Q^2$. Das an der Welle erzeugte Drehmoment M bei einer Drehzahl n ergibt sich daraus zu

$$M = \frac{P_m}{2\pi \cdot n} \qquad (2.11)$$

Die Abhängigkeit der Leistung und des Drehmoments vom inneren Aufbau des Motors und den eingesetzten Materialien kann man durch Einführung des sogenannten Strombelags A und der Leistungszahl C (auch Ausnutzungsziffer genannt) beschreiben [1, S. 33].
Bei z Läuferwindungen, die vom Strom I durchflossen werden, also einem Gesamtstrom z·I, definiert man den auf den Läuferumfang d·π bezogenen Strom als

Strombelag $\qquad A = \dfrac{z \cdot I}{\pi \cdot d} \qquad (2.12)$

Sein Wert liegt, abhängig von der Motorkonstruktion und dem Kühlsystem, zwischen 100 A/cm und 500 A/cm. Mit der Beziehung 2.2 ergibt sich die Proportionalität

$$M \sim A \cdot V \cdot B \qquad (2.13)$$

Sind also Strombelag A und magnetische Induktion B vorgegeben, hängt das erforderliche Drehmoment M nur noch vom Volumen V des Läufers ab. Aus (2.11) folgt andererseits, daß bei vorgegebener Leistung P die Baugröße mit steigender Drehzahl abnimmt. Elektrowerkzeuge werden deshalb mit Drehzahlen um 20.000 min^{-1} betrieben. Die Materialausnutzng läßt sich ausdrücken mit der

Leistungszahl $\qquad C = \dfrac{P}{d^2 \cdot l \cdot n} = \dfrac{2\pi \cdot M}{d^2 \cdot l} \qquad (2.14)$

Da $d^2 l \sim V$ (Motorvolumen) ist, liefert C einen Richtwert für das Motorvolumen bei angestrebter Leistung P oder angestrebtem Drehmoment M.
Besonders bei Motoren größerer Leistung ist die Annäherung des **Wirkungsgrades** an den Idealwert $\eta = 1$ (keine Leistungsverluste) von herausragender Bedeutung. Das ist aber nur möglich, wenn man die Einzelverluste (Stromwärmeverluste in den Wicklungen, Reibungsverluste in Lagern und Bürsten, Lüftungsverluste, Eisenverluste etc.) kennt und durch geeignete Maßnahmen verkleinert. Im Teil 2 der Norm VDE 0530 sind die zur Ermittlung der Teilverluste gebräuchlichen Verfahren im Detail beschrieben.
Die Speisung der drehzahlveränderbaren Antriebe erfolgt fast ausschließlich über elektronische Umformer. In neuester Zeit erfolgt die Leistungsumwandlung bis in den MW-Bereich mittels IGBTs (Insulated Gate Bipolar Transistor). Gleichstrommotoren werden über Stromrichter aus dem Wechsel- oder Drehstrmnetz bei gleichzeitiger Leistungsregelung, Asynchronmotoren über Frequenzumrichter mit veränderlicher Frequenz gespeist.
Diese oberwellenbehaftete Form der Speisung wirkt sich sowohl auf die Betriebseigenschaften des Motors als auch auf die Messung der Leistung aus. Bei Stromrichterspeisung verursacht die Ankerstromwelligkeit zusätzliche Stromwärmeverluste ohne das Drehmomentmittelwert zu erhöhen. Das macht auf der einen Seite bei konstanter Betriebstemperatur eine Leistungsabsenkung erforderlich, während auf der anderen Seite die Stromwechselanteile Wechselmomente und damit mechanische Schwingungen und Laufunruhe erzeugen. Die Speisung der Drehstrommotoren über Frequenzumformer erzeugt ähnliche Probleme, die allerdings durch kompensierende Maßnahmen bei der Motorkonstruktion (größerer Luftspalt, besondere Nutformen, verstärkte Ständer und Lager) minimiert werden konnten, so daß Frequenzumrichterbetrieb bis in den MW-Bereich möglich ist. Die Erfassung der **Drehmomentwelligkeit** gibt hier Aufschluß über den Oberwelleneinfluß.
Die Messung der Leistung ist indessen in beiden Fällen der Umrichterspeisung nicht mehr mit herkömmlichen Wattmetern möglich. Wie in Kap. 2.3 beschrieben, haben sich für die Messung der Momentanwerte von Strom, Spannung und auch direkt der Leistung Hall-Sensoren bewährt. Auf dem Markt stehen komfortable Power Analyzer zur Verfügung, die mit großer Auflösung (z. B. 14 bit) und Bandbreite (z. B. einige 100 kHz) in real time die Strom- und Spannungswerte

13

erfassen, analysieren und aussagefähige Mittelwerte ausgeben. In der nachfolgenden Auswahl sind i(t) und u(t) die Momentanwerte aus denen die Mittelwerte berechnet werden:

Effektivwerte:
$$U_{RMS} = \sqrt{\frac{1}{T} \int_0^T u^2(t)dt} \qquad (2.15)$$

$$I_{RMS} = \sqrt{\frac{1}{T} \int_0^T i(t)^2 dt}$$

Lineare Mittelwerte:
$$\bar{U} = \frac{1}{T} \int_0^T u(t)dt \qquad (2.16)$$

$$\bar{I} = \frac{1}{T} \int_0^T i(t)dt$$

Wirkleistung:
$$P = \frac{1}{T} \int_o^T u(i) \cdot i(t)dt \qquad (2.17)$$

Leistungsfaktor:
$$PF = \frac{P}{I_{RMS} \cdot U_{RMS}} \qquad (2.18)$$

Impedanz:
$$|Z| = \frac{U_{RMS}}{I_{RMS}} \qquad (2.19)$$

Wirkwiderstand:
$$\text{Re}(Z) = \frac{P}{I_{RMS}^2} \qquad (2.20)$$

Aus den gemessenen (und digitalisierten) Momentanwerten von Strom und Spannung können nach vorstehenden Beziehungen die den Motor spezifizierenden Parameter berechnet werden. Bei Real-Time-Prüfabläufen sollte die Rechenleistung in einem digitalen Signalprozessor (DSP) bereitgestellt werden

2.1.3 Temperatur und Betriebsarten

Die Verlustleistung führt zur Erwärmung des Motors und gegebenenfalls zu Einschränkungen beim Betrieb des Motors. Im Teil 1 der Vorschrift DIN VDE 0530 werden im Abschnitt 14 die Bedingungen für die **Erwärmungsprüfung,** im Abschnitt 15 für die **Ermittlung der Übertemperatur** vorgegeben.

Ziel der Temperaturmessung ist die Einhaltung bestimmter Grenztemperaturen, die den folgenden Definitionen entnommen werden können:

* **Kühlmitteltemperatur:** Mittelwert der Thermometerablesungen während des letzten Viertels der Prüfzeit.
* **Übertemperatur:** Temperatur der Motorkomponente (z. B. Wicklung) minus Kühlmitteltemperatur.
* **Grenzübertemperatur:** Zulässige Übertemperatur in Abhängigkeit von der Isolierstoffklasse und der Motorkomponente (z. B. $\vartheta \leq 60\ °C$ für Feldwicklungen bei Isolierstoffklasse A).
* **Grenztemperatur:** Grenzübertemperatur + Kühlmitteltemperatur.

VDE 0530 sieht vier Verfahren zur Ermittlung der Temperatur vor:

1. **Widerstandsverfahren:**
   Ermittlung der Übertemperatur von Wicklungen aus der Widerstandszunahme.
2. **Eingebaute Temperaturfühler (ETF):**
   Bei der Herstellung eingebaute Widerstandsthermometer, Thermoelemente oder Halbleiter-Temperaturfühler.
3. **Thermometerverfahren:**
   Messung mit Thermometern (nichteingebaute Thermoelemente etc.) an zugänglichen Oberflächenteilen des Motors.
4. **Überlagerungsverfahren:**
   Messung nach IEC 279 bei Wechselstrombetrieb.

Nach dem SI-Einheitssystem wird die thermodynamische Temperatur mit T bezeichnet und in Kelvin angegeben (Zeichen K). Als weitere gesetzliche Einheit ist Grad-Celsius zugelassen (°C). Temperaturintervalle und Temperaturdifferenzen ($\delta\Delta = \Delta T$) können in °C oder K angegeben werden, wobei sich K immer mehr durchsetzt und deshalb auch hier verwendet wird. Zwischen T und ϑ gilt $\vartheta = T - T_0$ mit $T_0 = 273{,}15$ K.
Die Sensoren zur Ermittlung der Temperatur werden im Abschnitt 2.3 behandelt.
Das Widerstandsverfahren zur Ermittlung der Übertemperatur $\vartheta_2 - \vartheta_a$ von Kupfer- Wicklungen basiert auf dem Widerstandsverhältnis

$$\frac{R_2}{R_1} = \frac{\vartheta_2 + 235}{\vartheta_1 + 235} \tag{2.21}$$

Hierin bedeuten:
ϑ_2 Temperatur der Wicklung in °C am Ende der Prüfung
ϑ_1 Temperatur der kalten Wicklung zum Zeitpunkt der Anfangsmessung
ϑ_a Temperatur des Kühlmittels am Ende der Prüfung
R_2 Widerstand der Wicklung am Ende der Prüfung
R_1 Widerstand der Wicklung bei der Temperatur ϑ_1

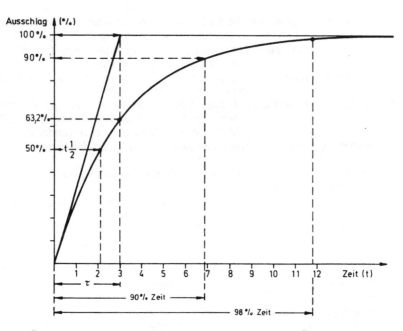

Bild 2.1: Übergangsfunktion der Temperatur bei sprunghafter Änderung

Nach Umformung ergibt sich die Übertemperatur aus der Beziehung

$$\vartheta_2 - \vartheta_a = \frac{R_2 - R_1}{R_1} (235 + \vartheta_1) + \vartheta_1 - \vartheta_a \qquad (2.22)$$

Besteht die Wicklung aus einem anderen Material, so ist die Zahl 235 durch den Kehrwert des Temperaturkoeffizienten des Widerstandes dieses Materials bei 0°C zu ersetzen. Für Aluminium ist 225 einzusetzen.
Eine Überschreitung der Grenztemperatur muß in jedem Falle vermieden werden. Will man dennoch eine hohe **Materialausnutzung** erreichen, ist der Nennbetrieb nahe der Grenztemperatur zu legen. Die erzielbaren maximalen Leistungen, mit denen der Motor dann betrieben werden kann, hängen von zwei Faktoren ab:
* **Temperatur-Einstellvorgang (Übergangsfunktion)** und
* **Betriebsart des Motors**

Die Übergangsfunktion beschreibt den Temperatur-Einstellvorgang für eine sprungartige Temperaturänderung. Das Thermometer nimmt die neue Temperatur nur verzögert an (Bild 2.1). Vereinfacht, aber mit genügender Genauigkeit, wird der Einstellvorgang mit einer Exponentialfunktion beschrieben:

16

$$p = 100 \cdot \left(1 - e^{-\frac{t}{\tau}} \right)$$
(2.23)

p = prozentuale Ausschlagänderung; t = Zeitdauer ab Temperatursprung;
τ = Zeitkonstante

Die in Bild 2.1 hervorgehobenen Werte (50%, 63,2%, 90% und 98%) dienen der Charakterisierung der Temperaturmeßeinrichtung. Bei dem oben beschriebenen exponentiellen Verlauf ergibt sich für den Quotienten 90%-Zeit/Halbwertszeit der Zahlenwert 3,32. Ist der Wert bei einem anderen Verlauf < 3,32, so spricht das Thermometer verzögert an (Thermometer mit Mittenwirkung). Ist der Wert > 3,32, spricht das Thermometer zunächst sehr rasch an, um dann aber den 90%-Wert relativ langsam zu erreichen (Thermometer mit Oberflächenwirkung). Um die Zeit für eine Ausschlagänderung zu berechnen, ist die Beziehung (2.23) nach t aufzulösen:

$$t = \tau \ln \frac{100}{100 - p}$$
(2.24)

Die meisten Thermometer ergeben für den Quotienten 90%-Zeit/50%-Zeit einen Wert zwischen 2,4 und 4. Weitere Werte sind in **VDE/VDI 3511** enthalten.

In VDE 0530, Teil 1 sind die **Betriebsarten** erklärt. Für jede dieser Betriebsarten kann eine im Leistungswert P ausgedrückte mögliche Belastung abgeschätzt werden, wobei die in (2.23) angegebene Übergangsfunktion zugrunde gelegt wird. Die in dieser Beziehung definierte **Zeitkonstante** τ muß für den betreffenden Motor berechnet, gemessen oder wenigstens abgeschätzt werden. Letzteres gelingt, wenn man (sehr vereinfachend) den Motor als homogenen Körper ansieht, dem im Zeitintervall Δt die Wärmemenge P_v zugeführt wird. Das Ergebnis [1] ist dann

$$\tau = \frac{c \cdot m}{\alpha \cdot O}$$
(2.25)

c Spezifische Wärme, m Masse, α Wärmeübergangszahl des Kühlmittels, O Oberfläche.

Bei freier Luftströmung gilt angenähert

$$\alpha = 12 \frac{W}{m^2 K}$$

Bei erzwungener Strömung mit der Geschwindigkeit v

$$\alpha = v^{0,78} \frac{W}{m^2 K} \qquad \text{mit v in m/s.}$$

Berücksichtigt man, daß die im Motor erzeugte Wärme aus den zwei Anteilen der gespeicherten und der über die Oberfläche abgegebenen Wärme besteht, so kann man die Bilanz wie folgt angeben:

17

$$P_v \cdot \Delta t = c \cdot m \cdot \Delta\vartheta + \alpha \cdot O \cdot \Delta\vartheta \cdot \Delta t \qquad (2.26)$$

Aus dieser Energiebilanz folgt bei konstanter Kühlmitteltemperatur ϑ_a wieder die Beziehung (2.23), wobei jetzt die relative Größe p als Verhältnis der momentanen Temperaturdifferenz $\Delta\vartheta$ zur Endtemperadifferenz $\Delta\vartheta_0$ erscheint:

$$\Delta\vartheta = \Delta\vartheta_o \left(1 - e^{-\frac{t}{\tau}}\right) \qquad (2.27)$$

Darin sind $\Delta\vartheta_0 = \dfrac{P_v}{\alpha \cdot O}$ die Endübertemperatur und $\tau = \dfrac{c \cdot m}{\alpha \cdot O}$ die Zeitkonstante.

Um den Motor mit größtmöglicher Leistung ohne Überschreitung der Grenzübertemperatur betreiben zu können, sind in VDE 0530 **Nennbetriebsarten** (S1 bis S9) mit bestimmten **Belastungsprogrammen** (Bild 2.2 a und b) definiert, die es ermöglichen, die für eine vorgegebene Betriebsart Sn mögliche Leistung P_n im Verhältnis zur Leistung für den Dauerbetrieb S1 (s. u.) abzuschätzen. Dazu dient die Temperatur-Übergangsfunktion (2.27) mit Berücksichtigung des für die Betriebsart Sn vorgegebenen zeitlichen Verlaufs der Belastung und Proportionalität von Temperatur und Leistung.

* **Betriebsart S1 - Dauerbetrieb**
  Betrieb mit konstanter Belastung, dessen Dauer ausreicht, um den thermischen Beharrungszustand zu erreichen. Mögliche Leistung P_1.
* **Betriebsart S2 - Kurzzeitbetrieb**
  Betrieb mit konstanter Belastung, dessen Dauer nicht ausreicht, den thermischen Beharrungszustand zu erreichen, und einer nachfolgenden Pause bis die abgesunkene Temperatur der Wicklungen < 2 K von der Temperatur des Kühlmittels abweicht. Ist t_B die Belastungszeit, errechnet sich die mögliche Leistung für Kurzzeitbetrieb zu

$$P_2 = P_1 \cdot \sqrt{\frac{1}{1 - e^{-\frac{t_B}{\tau}}}} \qquad (2.28)$$

Die Zeitkonstante τ liegt zwischen 10 und 30 Minuten.

* **Betriebsart S3 - Aussetzbetrieb**
  Konstante Belastung der Dauer t_B wechselt periodisch mit einer Stillstandszeit t_{St}. Dabei wird weder der thermische Beharrungszustand noch volle Abkühlung erreicht und die Anlaufströme dürfen die Erwärmung nicht wesentlich mitbestimmen. $t_S = t_B + t_{St}$ wird Spieldauer, $t_r = t_B/t_S$ relative Einschaltdauer genannt. VDE 0530 empfiehlt für t_S = 10 min, t_r-Werte von 15%, 25%, 40% oder 60%. Die Angabe S3-40% besagt also, daß bei einer Spieldauer t_S = 10 min der Motor für 4 min mit Nennlast läuft und danach 6 min abkühlen muß. Ist τ weiterhin die Erwärmungszeitkonstante, bedeutet in der folgenden Beziehung τ_A die Abkühlungszeitkonstante, wobei für Motoren mit Oberflächen Kühlung das Verhältnis τ_A/τ zwischen 4 und 6 liegt. Die im Verhältnis zum Dauerbetrieb mögliche Leistung errechnet sich zu

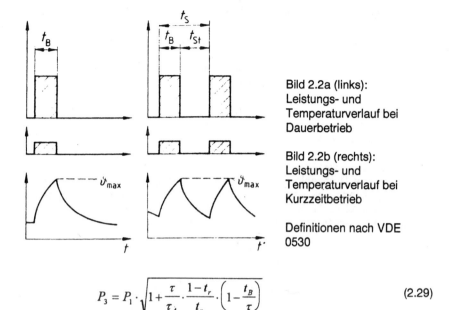

Bild 2.2a (links):
Leistungs- und
Temperaturverlauf bei
Dauerbetrieb

Bild 2.2b (rechts):
Leistungs- und
Temperaturverlauf bei
Kurzzeitbetrieb

Definitionen nach VDE
0530

$$P_3 = P_1 \cdot \sqrt{1 + \frac{\tau}{\tau_A} \cdot \frac{1-t_r}{t_r} \cdot \left(1 - \frac{t_B}{\tau}\right)} \tag{2.29}$$

Mit der Beschreibung der ersten drei Betriebsarten ist das Wesentliche für die Prüfabläufe, die sich an einem modernen Prüstand automatisiert durchführen lassen, gesagt. Die restlichen Betriebsarten werden deshalb nur kurz aufgeführt. Ausführlichere Beschreibungen findet man in [1, S. 381] und in VDE 0530, Teil 1, Hauptabschnitt drei.

* **Betriebsart S4 - Aussetzbetrieb mit Einfluß des Anlaufvorgangs**
* **Betriebsart S5 - Aussetzbetrieb mit elektrischer Bremsung**
* **Betriebsart S6 - Ununterbrochener periodischer Betrieb mit Aussetzbelastung**
* **Betriebsart S7 - Ununterbrochener periodischer Betrieb mit elektrischer Bremsung**
* **Betriebsart S8 - Ununterbrochener periodischer Betrieb mit Last-/Drehzahländerungen**
* **Betriebsart S9 - Ununterbrochener Betrieb mit nichtperiodischer Last-/Drehzahländerung**

2.1.4 Vibrationen und Schall

Motorvibrationen sind ein unmittelbarer Maßstab für die Produktqualität; denn ihre Quellen sind Lagerdefekte, Rotorunwucht, Zahneingriffsverlauf bzw. Teilungsfehler bei Getriebemotoren und ähnliches. Die Erforschung der Ursachen durch Messung und Analyse ist deshalb ein effektives Mittel zur Verbesserung der Qualität. Da die Vibrationen gleichzeitig von mehreren Quellen angeregt sein können, liefert die Messung ein komplexes Signalgemisch, das erst nach Auflösung in seine Komponenten und Korrelation auf die Ursachen schließen läßt (s. a. 2.2).

Die Erfassung der Vibrationen (Schwingungen) mit der Amplitude A und der Frequenz f (Kreisfrequenz $\omega = 2\pi f$) kann durch

Wegmessung	$s(t) = A \cdot \sin \omega t,$	
Geschwindigkeitsmessung	$v(t) = \omega A \cdot \cos \omega t$	oder
Beschleunigungsmessung	$a(t) = \omega^2 A \cdot \sin \omega t$	

erfolgen. Da sich die Vibrationsparameter mit der Motordrehzahl n ändern, muß außerdem eine Drehzahlmessung zugeordnet werden. Besonders bei den Vibrationsmessungen werden die mechanischen Meßverfahren durch optische Verfahren abgelöst, die in Auflösung, Genauigkeit, Meßbereich überlegen sind und den Vorteil der Berührungslosigkeit besitzen (s. 2.3).

Die von den Vibrationen verursachten **Geräusche** sind aus naheliegenden Gründen zu begrenzen. Die Definition der einzuhaltenden Werte und die vorzusehenden Prüfmethoden werden in der VDE-Vorschrift 0530, Teil 9 ausführlich behandelt. Außerdem sind die weiteren relevanten IEC-, ISO- und DIN-Normen bzw. -Vorschriften dort aufgeführt. Eine Tabelle enthält die Geräuschgrenzwerte in Form des Schalleistungspegels nach Motor-Leistungsklassen, Schutzarten und in Abhängigkeit von Drehzahlbereichen.

Beispiel: 2,2 kW < P < 5,5 kW - Schutzart IP 44 - 1320 min^{-1} < n < 1900 min^{-1}: Schalleistungspegel (Definition s. u.) L_p < 87 dB(A). In ähnlicher Form werden in einer weiteren Tabelle die Geräuschgrenzwerte als Schalldruckpegel angegeben. Diese Geräuschgrenzwerte wurden mit Meßverfahren der Normen ISO/R-495 und ISO/R 1680 ermittelt.

Das auf das Ohr einwirkende Geräusch - die **Geräuschimmision** - wird gemäß **DIN 45635**, Teil 1 und 10 nach Schalldruckpegelwerten beurteilt und über den Frequenzbereich des Hörens (20 Hz bis 20 kHz) gemessen. Das vom Motor (oder jeder anderen Schallquelle) ausgestrahlte Geräusch - die **Geräuschemission** - kann entweder ebenfalls nach Schalldruckpegelwerten oder nach **Schalleistungspegeln** beurteilt werden.

Nach der **TA-Lärm** werden alle Geräusche, die als lästig, störend oder sogar schädigend beurteilt werden, als Lärm bezeichnet. Bei dieser Beurteilung ist nicht nur der Schalldruckpegel ausschlaggebend, sondern auch die spektrale Zusammensetzung des Geräusches. Noch stärker auf das menschliche Empfinden zugeschnittene Kriterien liefert die Geräuschanalyse mittels „Fuzzy-Pattern-Klassifikation" [5].

Die akustischen Druckschwankungen (gemessen in Pascal Pa = N/m^2) sind dem statischen Luftdruck von ca. 1000 Pa überlagert. Die **Hörschwelle** wird mit 20 µPa und die **Schmerzgrenze** mit 200 Pa angegeben.

Unsere Empfindung einer Druckschwankung ist sehr stark von der Frequenz abhängig. Um einen 20 Hz-Ton so laut wie einen 2000 Hz-Ton zu empfinden, muß der 20 Hz-Ton eine 10^6-mal größere Energie besitzen! Es ist deshalb zweckmäßig, zwischen **Reizstärke**, das ist die objektiv vorhandene Schallstärke, und **Lautstärke**, das ist die in phon gemessene **Empfindungsstärke**, zu unterscheiden. Nach dem Weber-Fechnerschen Gesetz wächst die Lautstärke ungefähr proportional dem Logarithmus der Reizstärke. Aus diesem Grund, und wegen des außerordentlich großen Bereich der vorkommenden Schalldrücke, werden Lautstärke und Reizstärke im logarithmischen Maßstab angegeben [6]. Ist p der Schalldruck und p_0 sein Wert für die Hörschwelle (s. o.), dann ergibt sich der **Schalldruckpegel L_p** in Dezibel (dB) aus

$$L_p = 20 \cdot \lg \frac{p}{p_0} \qquad (2.30)$$

An der Hörschwelle (p = p_0) wird L_p = 0, an der Schmerzgrenze (p = 200 Pa = 10^7 p_0) L_p = 140 dB.
Die Lautstärke Λ wird auf Energiewerte J bezogen und in phon angegeben. Mit J_0 als Wert für die unterste Schwelle der Reizstärke ergibt sich die Lautstärke aus

$$\Lambda = 10 \cdot \lg \frac{J}{J_0} \qquad (2.31)$$

Die **Schalldruckmessung** (üblich mit einem Kondensatormikrofon) ist in der Norm **IEC 651** festgelegt. Nach Filterung erfolgt die Umrechnung auf Schalldruckpegel. Will man das Vorhandensein spezifischer Töne nachweisen, muß das **Geräuschspektrum** aufgenommen werden. Dazu wird das über den Hörbereich verteilte Frequenzgemisch mittels Filter zerlegt, und zwar entweder mit
* **Oktavfilter (DIN 45651):**
  10 Mittenfrequenzen mit Frequenzintervall = 2 von 32,5 Hz bis 16.128 Hz
  oder
* **Terzfilter (DIN 45652):**
  31 Mittenfrequenzen mit Frequenzintervall = 5/4 von 20 Hz bis 20.000 Hz.

Die **Geräuschimmission** des Motors wird mit dem **Hüllflächenverfahren** nach **DIN 45635** ermittelt. Dazu soll der Motor in einer reflexionsarmen Umgebung aufgestellt werden. Im Abstand von 1 m vom Motor werden auf der den Motor einhüllenden Fläche die Schalldruckpegel gemessen und leistungsgemäß gemittelt. Das Ergebnis ist der **Meßflächenschalldruckpegel** $\overline{L}_{p,\ lm}$. Der angenäherte **Schalleistungspegel L_w** folgt bei einer Meßfläche S aus der Beziehung

$$L_w = \overline{L}_{p,lm} + 10 \cdot \lg \frac{S}{1m} \qquad (2.32)$$

evtl. mit Korrekturen nach DIN 45635, Teil 1, wenn keine reflexionsarme Umgebung vorhanden ist.
Bei der Prüfung von Elektromotoren (und anderen umlaufenden Maschinen) ist die Geräusch- und Schwingungsmessung in Abhängigkeit von der Drehzahl ei-

ne effektive Testmethode. Mit der Drehzahl ändern sich Schwing- und Schallfrequenz proportional mit einem Faktor, der als „Ordnung" bezeichnet wird. Der Hoch- und Runterlauf des Motors in einem vorgegebenen Drehzahlbereich bei gleichzeitiger Erfassung von Schallpegel und Motorschwingungen mit Mikrofonen bezw. Beschleunigungsaufnehmern liefert dann die sogenannte **Ordnungsanalyse**. Die Auswertung gelingt am besten in einer dreidimensionalen Darstellung von Schallpegel (dB), Schwingfrequenz (Hz) in Abhängigkeit von der Drehzahl (min^{-1}).

Wicklungsprüfungen: VDE 0530 sieht im Hauptabschnitt sechs eine Überprüfung des *Isoliervermögens* vor, die sich aber auch aus Gründen der Qualitätssicherung anbietet. Das Prüfverfahren soll möglichst neben den "klassischen" Fehlern (Windungsschluße, Kurzschluß von Phasen, offene Verbindungen usw.) auch Vorschädigungen und Schwachstellen in der Windungs- und Wicklungsisolation erkennen. Außerdem sind zerstörungsfreie Prüfung mit kurzen Testzeiten wünschenswert oder auch erforderlich. Neben die bekannten Prüfmethoden, *Hochspannungsprüfung, Wicklungswiderstandsprüfung* und *hochfrequente Speisung* ist deshalb zunehmend die *Stoßimpulsprüfung* getreten [7]. Ihr Vorteil liegt darin, daß zwar mit hohen Spannungen (> 10 kV) geprüft wird, aber wegen einer kurzen Pulsdauer (um die 100 μs) die den Prüfling belastende Energie nur gering ist. Diese Methode ist überdies geeignet, die Prüfung nach VDE 0530 auch "unter betriebsmäßigen Bedingungen" durchzuführen. Außerdem soll nach VDE 0530 die Wicklungsprüfung "möglichst unmittelbar nach der Erwärmungsprüfung des Motors ausgeführt werden". Es bietet sich also an, auch diese Tests in Verbindung mit anderen Untersuchungen am Motorenprüfstand zu konzipieren.

2.2 Meßdynamik und Signalanalyse

2.2.1 Meßdynamik

Bei schnellen Anlauf- und Bremsvorgängen, plötzlichen Lastwechseln, Motorspeisung über Stromrichter oder Frequenzumformer etc., muß das dynamische Übertragungsverhalten der Sensoren und Signalanpaßgeräte (Signalconditioner) beachtet werden. Eine zu geringe Übertragungsbandbreite des Sensors kann zu eklatanten Fehleinschätzungen der Prüfergebnisse führen. Z. B. haben Dehnungsmeßstreifen (DMS), die direkt auf den Prüfling geklebt werden, eine enorme Bandbreite. Die sog. Grenzfrequenz (s. u.) kann bei 100 kHz liegen. Sind die DMS aber in einem Umformer (z. B. Drehmomentmeßwelle) integriert, bestimmt der Aufbau des Umformers die Grenzfrequenz, die dann nur noch einige % des DMS-Wertes sein kann. Das kann bei der Messung der Drehmomentwelligkeit zu Schwierigkeiten führen, weil das Meßsystem oberhalb seiner Grenzfrequenz mehr und mehr als Filter wirkt.

Eine Abschätzung der Wiedergabeeigenschaften des Sensors oder anderer Komponenten einer Meßkette, ist möglich, wenn man die Übertragungsfunktion F(p) mit $p = \sigma + j\omega$ (die „komplexe Frequenz") kennt und auswertet. Für ein Fe-

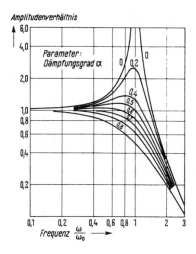

Amplitudenverhältnis

Parameter:
Dämpfungsgrad α

Frequenz $\frac{\omega}{\omega_0}$ ⟶

Bild 2.3:
Amplituden-Frequenzgang eines
Feder-Masse-Systems

der-Masse-System, das auf viele Sensoren angewendet werden kann, liefert die
Auswertung das Ergebnis

$$\left|\frac{x_a}{x_e}\right| = \frac{1}{\sqrt{(1-\kappa^2)^2 + (2\alpha\kappa)^2}} \tag{2.33}$$

Darin bedeuten: x_a die Ausgangsamplitude

$\kappa = \dfrac{f}{f_0}$ das Verhältnis Meß- zu Eigenfrequenz

x_e die Eingangsamplitude
α den Dämpfungsgrad.

Die Beziehung (2.33) ist als **Amplituden-Frequenzgang** oder kurz als Amplitudenkurve bekannt, die ausgewertet in Bild 2.3 dargestellt ist. Das
Amplitudenverhältnis $\dfrac{x_a}{x_e}$, d. h. der relative Amplitudenfehler r, hängt besonders
ders bei Meßfrequenzen nahe der Eigenfrequenz stark vom Kurvenparameter α
(dem Dämpfungsgrad) ab. Die Idealkurve (s. Bild 2.3) erhält man bei dem
Wert $\alpha = \dfrac{1}{\sqrt{2}}$. Allerdings kann beim Sensor-Design der Dämpfungsgrad nicht
immer beeinflußt werden. Piezoelektrische Sensoren liegen bei Werten um 0,1.
Aus (2.33) oder aus Bild 2.3 kann man entnehmen, welcher Amplitudenfehler

23

$r = x_a/x_e$ bei bestimmten Frequenzverhältnissen κ und optimalem Dämpfunggrad mindestens auftreten (alle Werte in %):

r 1   2   3   5   10
κ 38 45 50 68 83

In den Datenblättern der Sensoren und sonstigen Gliedern der Meßkette sind meistens Grenzfrequenzen f_g angegeben, die aber nicht einheitlich definiert sind. Gemeint ist (wenn nicht ausdrücklich anders festgelegt) die Meßfrequenz, bei der $r \le 5\%$ oder -3dB $\approx$ 30% ist. Etwas komplizierter wird die Fehler-Grenzfrequenz-Abschätzung, wenn mehrere Übertragungsglieder (z. B. Sensor, Verstärker und Ausgabegerät) hintereinander geschaltet sind, was praktisch immer der Fall ist. Wenn die n Glieder einer solchen Meßkette rückwirkungsfrei das Meßsignal übertragen, kann man ableiten, daß die Eingangsgröße des ersten Gliedes x_{e1} (Übertragungsfunktion F_1) mit der Ausgangsgröße des n-ten Gliedes x_{an} (Übertragungsfunktion F_n) wie folgt in Beziehung stehen:

$$x_{an} = F_1 \cdot F_2 \cdots F_n \cdot x_{e1} \qquad (2.34)$$

Die Übertragungsfunktion der Meßkette ist also gleich dem Produkt der Übertragungsfunktion der einzelnen Glieder. Zu der beabsichtigten Fehlerabschätzung gelangt man über die Darstellung der Übertragungsfunktion nach Betrag und Phase $F = |F| \cdot e^{j\varphi}$. Bildet man vom Produkt der Übertragungsfunktionen in (2.34) den Logarithmus, erhält man

$$\lg(F_1 \cdot F_2 \cdots F_n) = \lg|F_1| + \lg|F_2| + ... + |F_n| + \varphi_1 + \varphi_2 + ... + \varphi_n \qquad (2.35)$$

Bildet man daraus noch das Dämpfungsmaß $\delta = 20 \cdot \lg|F|$, findet man die gesuchte Fehlerabschätzung für die Meßkette: *Es addieren sich die in Dezibel (dB) ausgedrückten Fehler der einzelnen Glieder.*
Z. B. ergeben 4 Glieder einer Meßkette mit je 5% Amplidutenfehler = -0,42 dB einen Gesamtübertragungsfehler von -1,68 dB =15%. Im Falle der Übertragung **digitaler** Meßwerte kann sich eine zu große Übertragungsbandbreite mindestens ebenso schädlich auswirken, wie eine zu geringe. Zur analogen Vorverarbeitung der Meßwerte gehört deshalb ggf. auch eine Filterung. Man sollte sich stets bewußt sein, daß die spätere digitale Repräsentation der Meßwerte mit Auflösungen bis 14 bit nur Hausnummern sein können, wenn die analoge Vorverarbeitung gravierende Fehler enthält. Jedenfalls ist das Prüfendergebnis nicht besser als die am Eingang des A/D-Umsetzers zur Verfügung stehenden Meßwerte.
Für die Weiterverarbeitung im computergesteuerten Prüfstand müssen die Meßwerte in digitaler Form vorliegen. Die erforderliche **Analog-Digital-Umsetzung,** d. h. die Quantisierung und Codierung der Meßwerte, muß den Bedingungen des **Abtasttheorems** genügen. Es setzt eine Funktion der Zeit s(t) voraus, deren Frequenzspektrum innerhalb eines Frequenzbandes B liegt. Ist der untere Wert von B 0 Hz, kann man die Forderung auch mit der höchstzulässigen

Grenzfrequenz f_g (d. h. mit der oberen Bandbegrenzung) ausdrücken: $f \leq f_g$. Das Abtasttheorem beantwortet dann die Frage, wie häufig der Funktion s(t) Amplitudenproben entnommen werden müssen, damit aus der Summe dieser diskreten Werte die ursprüngliche Funktion wiedergewonnen werden kann (mittels D-A-Umsetzung). Das von Shannon gefundene Ergebnis ist

$$T_a = \frac{1}{2B} \quad \text{bzw.} \quad f_a = 2 \cdot f_g \tag{2.36}$$

Die Abtastfrequenz muß also doppelt so hoch sein wie die Grenzfrequenz.. Da die Ableitung dieser Beziehung ideale Übertragungsverhältnisse („einen ungestörten Übertragungskanal") voraussetzt, gilt in der Praxis ein etwas höherer Wert. Bei der Sprachwiedergabe mit $f_g \leq 3400$ Hz wurde $f_a = 8000$ Hz gewählt. In der Meßtechnik hat sich $f_a \approx 5 \cdot f_g$ bewährt.

Die Auswirkungen einer zu hohen Signalgrenzfrequenz $f_g > f_a/2$ können ähnlich wie beim analogen Übertragungsverhalten mit der Berechnung des Amplituden-Frequenzganges geklärt werden. In Bild 2.4 (S. 35) ist das Ergebnis für ein RC-Glied dargestellt. $\pi = f_g/f_a$ ist die normierte Frequenz. Man erkennt, daß bei $f_g > f_a$ die Amplitude wieder ansteigt. Dieses Phänomen, daß bei den analogen Übertragungsvorgängen nicht existiert, wird bildhaft als **Aliasing-Effekt** bezeichnet: Hochfrequente Signalanteile erscheinen unter einem „Alias" im untersten Frequenzband. Mit einem **Antialiasing-Filter** ist deshalb die Grenzfrequenz entsprechend zu limitieren.

Die **Quantisierung**, d. h. die Einteilung des gesamten Wertebereichs des Meßsignals in eine Anzahl z Quantisierungsintervalle, bedeutet einen prizipiellen Informationsverlust; denn in ein Intervall fallen letztlich unendlich viele Werte der Analogfunktion s(t). Der Informationsverlust wird jedoch um so mehr in Grenzen gehalten, je kleiner man die Quantisierungsintervalle, d. h. ihre Anzahl entsprechend groß, macht.

Bei der **Codierung** erhalten die einzelnen Quantisierungsstufen (das ist die Anzahl der für einen bestimmten Meßwert erforderlichen Quantisierungsintervalle) eine bestimmte Kennzeichnung zugeordnet. Der Code ist aus Codeelementen zusammengesetzt Unser dezimales Zahlensystem (ein spezieller „denärer" Code) besitzt die Elemente 0, 1, 2, ...,9. Damit hat der „denäre" Code eine <u>Stufenzahl</u> b = 10. Aus praktischen Gründen wird in der Digitaltechnik der **Binärcode** mit den Codeelementen 0 und 1 benutzt Eine Anzahl r aneinandergereihte Codeelemente bilden ein r-stelliges Codewort. Ein dreistelliger Binärcode hat den Wertevorrat 8:

000 - 001 - 011 - 111 - 110 - 100 - 010 - 101. Mit ihm könnte man also 8 Amplitudenstufen unterscheiden. Allgemein ergibt sich die diskrete Wertemenge z für einen b-stufigen/r-stelligen Code aus

$$z = b^r \tag{2.37}$$

Welcher z-Wert welchem Codewort zugeordnet wird, ist damit nicht festgelegt. Vielmehr gibt es b^r! (Fakultät) Möglichkeiten, beim 2-stelligen Binärcode also 2^2! = 24. Zwei Möglichkeiten sind z. B.

z	Codewort	Codewort
3	1 1	1 0
2	1 0	1 1
1	0 1	0 1
0	0 0	0 0

In der ersten Spalte ist der **Dualcode** ausgewählt. Es ist ein aus dem Dualsystem abgeleiteter Binärcode. Welche Codierungsmöglichkeit gewählt wird, hängt von der Aufgabenstellung ab. Für Winkelcodierscheiben ist der Dualcode weniger geeignet. Hier besteht z. B. die Forderung, daß sich von einem Codewort zum andern nur ein Binärelement ändern soll. Aus dem 4-stelligen Binärcode (16! = ca. 21 Billionen Möglichkeiten) wurden neben dem Dualcode z. B. auch der Graycode, der Aikencode u. a. ausgewählt. Die Umrechnung von einem Code in einen anderen bereitet keine Schwierigkeiten. Errechnet man in (2.37) den Logarithmus zur Basis 2 (ld), so ist wegen b = 2

$$r = ld(z) \qquad (2.38)$$

r wird als **Betrag der Information** bezeichnet und kann nach (2.38) als Logarithmus der Anzahl der Wahlmöglichkeiten (hier der Amplitudenstufen) angesehen werden. Die Informationseinheit wird **bit** (Abkürzung von binary digit) genannt. Daß diese Definition auch der Praxis gerecht wird, zeigt das Beispiel, daß nach (2.38) ein Relais mit seinen zwei Stellungen „ein" und „aus" den Informationsbetrag r = ld 2 = 1 bit, dagegen drei Relais die oben aufgeführten 8 = 2^3 Wahlmöglichkeiten 000 .... 101 besitzen, so daß sich r = ld 2^3 = 3 bit ergibt. In der digitalen Meßtechnik gibt r den Wert für die Auflösung (unter bestimmten Voraussetzungen auch die Genauigkeit) der Meßwerte an, z. B. 10 bit = 1024 Amplitudenstufen oder 0,1 %.
Als **Kanalkapazität C** bezeichnet man die in der Zeiteinheit übertragene Information. Sie ist gewissermaßen ein Pendant zur Bandbreite bei der Übertragung analoger Werte. (2.36) und (2.38) liefern für die Kanalkapazität (auch Informationsfluß genannt)

$$C = f_a \cdot ld(z) = 2 f_g \cdot ld(z) \qquad (2.39)$$

Die Größe von C entscheidet z. B. darüber, ob eine Meßgröße „real time" übertragen werden kann oder nicht.
Die in einer Zeit t übertragene **Gesamtinformation I** ist offensichtlich Kanalkapazität mal Zeit. Wird gleichzeitig über mehrere Kanäle K übertragen (was meistens der Fall ist) folgt aus (2.39)

$$I = C \cdot K \cdot t = 2 f_g \cdot K \cdot t \cdot ld(z) \qquad (2.40)$$

Wie oben erwähnt, sollte man in der Praxis den Faktor 2 durch 5 ersetzen. I gibt Aufschluß über die zu speichernde und zu verarbeitende Datenmenge. Z. B. ergibt die Übertragung von zwei Meßgrößen mit 1000 Hz und 12 bit Auflösung während 5 s I = 600.000 bit.

2.2.2 Signalanalyse

Eine Bewertung der Meßdaten und gewissermaßen das „Herausfiltern" der benötigten Erkenntnisse, gelingt in einigen Bereichen (z. B. bei Vibrations- und akustischen Messungen oder bei der Leistungsmessung hinter Umformern) erst nach einer angepaßten Signalanalyse (SA) [7]. Dabei geht es bei den unterschiedlichen Analysetechniken darum, die Meßdaten in einer Form zu präsentieren, aus der die gesuchte Information entnommen werden kann oder auch die Daten zu reduzieren. Neue Informationen kann dagegen die Signalanalyse nicht liefern. Da die Meßdaten bei der Analyse stets in digitaler Form vorliegen, spricht man von digitaler (manchmal auch dynamischer) Signalanalyse **DSA**. Eine prinzipielle Beschränkung bei der DSA folgt aus der Tatsache, daß die Daten nur in einem endlichen Intervall mit begrenter Auflösung erfaßt werden können. Die zur Verfügung stehende Anzahl der Datenpunkte ist somit gleich dem Quotienten aus Zeitintervall und Auflösung.

Eine fundamentale Grundlage der Signalanalyse ist, daß ein Vorgang mathematisch entweder als Funktion der Zeit s(t) oder als Funktion der Frequenz F(f) gleichwertig dargestellt und von einer Form in die andere transformiert werden kann. Das gilt für periodische, einmalige und sprunghafte (bis auf singuläre Punkte) stetige Funktionen, aber auch (was für die computerunterstützte DSA von Bedeutung ist) für diskrete Funktionen. Hieraus resultiert als unentbehrliches Hilfsmittel der DSA die schnelle (fast) Fourier-Transformation FFT. Überhaupt sind Fourier-Transformation (FT) und die mit ihr in Verbindung stehende Faltung zweier Funktionen die mathematischen Fundamentalwerkzeuge, die die meisten Operationen der SA bestimmen. Von ihnen werden die folgenden in diesem Abschnitt definiert und kurz erläutert:

Fourier-Transformotion (FT)	**Mittelwertbildung**
Laplace-Transformation L	**Statistische Operationen**
Z-Transformation	**Korrelation**

Die rechts aufgeführten Operationen sind besonders bei **stochastischen** Vorgängen von Nutzen, deren Verlauf nur mit einer gewissen Wahrscheinlichkeit vorhersehbar ist.

Fourierreihe: Periodische Funktionen s(t) (Rechteck-, Sägezahn-, Gleichrichter-Funktionen, Vibrationen durch Unwucht usw.) mit der Periodendauer T_0 können aus Sinus- und Cosinus-Funktionen aufgebaut werden.

$$s(t) = A_0 + \sum_{n=1}^{\infty} A_n \cdot cos\,(n\omega_0 t) + \sum_{n=1}^{\infty} B_n \cdot sin\,(n\omega_0 t) \text{ mit } T_0 = \frac{1}{f_0} = \frac{2\pi}{\omega_0} \qquad (2.41)$$

Diese, als **Fourier-Reihe** bekannte Darstellung, wird häufig in komplexer Form angegeben:

$$s(t) = \sum c_n \cdot e^{jn\omega_0 t} \qquad (2.42)$$

Die Amplituden A_0, A_n und B_n können aus den folgenden Gleichungen berechnet werden:

$$A_0 = \frac{1}{2T_h} \int_{-T_h}^{+T_h} s(t)dt \qquad (2.43)$$

mit $2T_h = T_0$, d. h. s(t) liegt symmetrisch zur Ordinate.

$$A_n = \frac{1}{2T_h} \int_{-T_h}^{+T_h} s(t) \cdot \cos(n\omega_0 t)dt \qquad (2.44)$$

$$B_n = \frac{1}{2T_h} \int_{-T_h}^{+T_h} s(t) \cdot \sin(n\omega_0 t)dt \qquad (2.45)$$

Als Beispiel sei die Entwicklung der Rechteckkurve angegeben. Wird die Rechteckamplitude auf 1 normiert und $\omega_0 \cdot t$ mit x abgekürzt, ergibt die Entwicklung mit den vorstehenden Formeln

$$s(x) = \frac{4}{\pi}\left(\frac{\sin x}{1} + \frac{\sin 3x}{3} + \frac{\sin 5x}{5} + \cdots \right)$$

Aus einer solchen Entwicklung kann man entnehmen, mit welchem „Gewicht" Grund- und Oberschwingungen zum Aufbau der Kurve beitragen und welche Bandbreite das Übertragungssytem (Sensor, Verstärker usw.) besitzen muß, um die n-te Oberschwingung noch übertragen zu können. In die folgende Tabelle sind die relativen Amplitudenwerte (bezogen auf die Amplitude 1) und ihr „Gewicht" in % gemäß vorstehender Formel eingetragen.

n aus ($n\omega_0$)	1	2	3	4	5	6	7
Amplitude	$\dfrac{4}{\pi}$	0	$\dfrac{4}{3\pi}$	0	$\dfrac{4}{5\pi}$	0	$\dfrac{4}{7\pi}$
Gewicht	127%	0	42,5%	0	25,5%	0	18,2%

Um die Oberschwingung $7\omega_0$, die mir 18,2% „Gewicht" zum Aufbau der Rechteckform beiträgt, noch wiedergeben zu können, muß der Sensor oder Verstärker die siebenfache Rechteck-Wiederholfrequenz übertragen können. Weitere Fourier-Summen-Beispiele für Dreieck-, Sägezahn-, Gleichrichter-Funktionen u.nd andere findet man in [8].

Fourier-Transformation: Neben den periodischen Funktionen sind für die Praxis auch **stoßartige Vorgänge** (sog. Transients) von Bedeutung. Auch sie lassen sich aus kontinuierlichen Schwingungen aufbauen. Dazu läßt man bei den oben behandelten periodischen Vorgängen die Periodendauer T_0 gegen unendlich gehen und erhält statt diskreter „Spektrallinien" eine **„kontinuierliche spektrale Amplitudendichte F(ω)"**. In der vorzuziehenden komplexen Schreibweise (nach Euler ist $e^{jx} = \cos x + j \cdot \sin x$) erhält man dann die Beziehungen zwischen Zeitfunktion s(t) und Spektralfunktion F(ω), nämlich die **Fourier-Transformation FT:**

$$s(t) = \frac{1}{2\pi} \int_{-\infty}^{+\infty} F(\omega) \cdot e^{j\omega t} dt \qquad (2.46)$$

$$F(\omega) = \int_{-\infty}^{+\infty} s(t) \cdot e^{-j\omega t} dt \qquad (2.47)$$

Man spricht auch von einer Abbildung der Funktion vom Zeitbereich in den Spektralbereich und umgekehrt [9]. Die Dimension von $F(\omega)$ ist Amplitude/Frequenz; bei einem Spannungsstoß somit V/Hz. Die Rechteckfunktion
$s(t) = 1$ im Bereich $-t \le t \le +t_1$, sonst $= 0$

liefert als Spektralfunktion $\qquad F(\omega) = 2t_1 \dfrac{\sin \omega t_1}{\omega t_1} = 2t_1 \cdot si \, \omega t_1$
(si x Bezeichnung nach Küpfmüller).

Die Beziehungen (2.47) und (2.46) werden in der Literatur symbolisch geschrieben

$$F(\omega) = \wp\{s(t)\} \qquad (2.48)$$

$$s(t) = \wp^{-1}\{F(\omega)\} \qquad (2.49)$$

Neben dem Frequenzspektrum kann auch ein **Energiespektrum** bzw. eine **Energiedichte** mit Hilfe der FT definiert werden. Das Produkt $s(t) \cdot s^*(t) = |s(t)^2|$ ist offensichtlich proportional der Leistung, so daß die Integration über die Zeit

$\int_{-\infty}^{+\infty} |s(t)|^2 dt$ die gesamte Energie des Vorganges repräsentiert. Führt man mit der

konjugiert komplexen Zeitfunktion $s^*(t)$ die FT aus und setzt sie in das vorstehende Integral ein, gewinnt man nach Umformungen das sog. *Parsevalsche Theorem*:

$$\int_{-\infty}^{+\infty} |s(t)|^2 dt = \frac{1}{2\pi} \int_{-\infty}^{+\infty} |F(\omega)|^2 d\omega \qquad (2.50)$$

Die Energie eines einmaligen Vorganges kann also in mathematisch gleicher Weise entweder aus der Zeitfunktion $s(t)$ oder aus der spektralen Amplitudendichte $F(\omega)$ gewonnen werden. $|F(\omega)|^2$ liefert das **Energiespektrum** bzw. die **Energiedichte** [9].
Für viele wichtige Bereiche der DAS (digitale Filter, Abtasttheorem, Korrelation) spielt die **Faltung** zweier Zeitfunktion $s_1(t)$ und $s_2(t)$ unter Verwendung der FT eine überragende Rolle. Sie ergibt sich durch Multiplikation der den Zeitfunktionen nach (2.47) zugeordneten Spektralfunktionen $F(\omega)$. Das durch Verwendung von (2.47) entstehende Doppelintegral liefert nach Umformungen als Resultat

$$F_1(\omega) \cdot F_2(\omega) = \int_{-\infty}^{+\infty} h(\tau) \cdot e^{-j\omega\tau} d\tau \qquad \text{in dem} \qquad (2.51)$$

$$h(\tau) = \int_{-\infty}^{+\infty} s_1(t) \cdot s_2(\tau - t)dt \qquad (2.52)$$

als Faltung bezeichnet wird. Multiplikation der Spektralfunktionen ergibt Faltung der Zeitfunktionen., abgekürzt h(t) = s_1(t)*s_2(t).
Die heutige praktische Bedeutung hat die FT jedoch erst durch ihre Anwendung auf **zeitdirekte Funktionen** (z. B. auf die abgetasteten Funktionswerte aus der Digitalisierung der kontinuierlichen Zeitfunktion) erlangt. Mit der so entstandenen **diskreten Fourier-Transformation DFT)**, effektiven Algorithmen und Computern mit großer Rechenleistung ist die „**Real-Time-Fourier-Analyse**" möglich geworden.
Die kontinuierliche Zeitfunktion wird zu bestimmten Zeitpunkten t_i mit der δ(t)-Funktion (Diracsche Stoßfunktion) abgetastet. Während der Meßdauer T sollen N diskrete Funktionswerte s(t_i) mit i = 0, 1, 2, ...N - 1 abgetastet werden. Das Gesamtergebnis kann im Sinne einer Funktion in der folgenden Form angegeben werden:

$$\hat{s}(t) = \sum_{i=0}^{N-1} (t_i) \cdot \delta(t - t_i) \qquad (2.53)$$

Wenn, wie meistens, die Abtastung in gleichen Zeitabständen T_0 erfolgt, kann man (2.53) schreiben

$$\hat{s}(t) = \sum_{n=0}^{N-1} s(nT_0) \cdot \delta(t - nT_0). \qquad (2.54)$$

Wendet man nun auf diese Funktion die Operationen an, wie oben bei der kontinuierlichen Funktion, gelangt man zur DFT. Insbesondere liefert die Transformation (2.47) die diskrete Spektralfunktion:

$$\hat{F}(\omega) = \sum_{n=0}^{N-1} s(nT_0) \cdot e^{-j\omega nT_0} \qquad (2.55)$$

Wie oben eingeführt, ist T = NT_0. Setzt man $\dfrac{1}{T} = f_0$, also $f_0 \cdot T_0 = \dfrac{1}{N}$, und gibt

man die Frequenz f als ein r-faches von f_0 an (f = rf_0), So wird aus (2.55)

$$\hat{F}(rf_o) = \sum_{n=0}^{N-1} s(nT_o) \cdot e^{-j\frac{2\pi rn}{N}} = \sum_{n=0}^{N-1} s(nT_0) \cdot Z^{rn} \qquad (2.56)$$

mit der Abkürzung $Z = e^{-j\frac{2\pi}{N}}$.

(2.56) besagt, daß die kontinuierliche Funktion, die im Zeitintervall T N-mal abgetastet wurde, in ein diskretes Linienspektrum mit N Linien im Abstand f_0 überführt werden kann. In Analogie zum Gleichungspaar (2.46) und (2.47) für die kontinuierliche Funktion s(t) ergibt sich für die diskrete Funktion (2.54) die Beziehung

$$\hat{s}(t) = \frac{1}{N} \sum_{r=0}^{N-1} \hat{F} \cdot Z^{-rn} \qquad (2.57)$$

Die in (2.51) definierte **Faltung** zweier kontinuierlicher Spektralfunktionen läßt sich auch mit den zeitdiskreten Funktionen der Form (2.56) durchführen. Bezeichnet man die hinter dem Summenzeichen gebildeten diskreten Zahlenwerte für $\hat{F}_1$ mit x_0, x_1, ... x_{N-1} und die für $\hat{F}_2$ mit y_0, y_1 ... y_{N-1} so ergibt die Faltung $\hat{F}_x \cdot \hat{F}_y$ eine neue Zahlenreihe

$$z_n = \sum_{i=0}^{N-1} x_i \cdot y_{n-i}, \qquad (2.58)$$

die die Spektralkomponenten des Faltungsprodukts darstellen [8]. Für die Durchführung der DFT sind die in (2.56) bzw. (2.57) definierten Spektralkoeffizienten zu berechnen. Wie z. B. in [9] abgeleitet wird, erhält man durch sinnvolle Unterteilung des Abtastbereiches T mit N Abtastungen eine neue Form der DFT, nämlich

$$\hat{F}_\mu = \sum_{v=-n}^{n} \hat{s}_v \cdot e^{-j\frac{2\pi\mu v}{2n+1}} \qquad \text{und} \qquad (2.59)$$

$$\hat{s}_\mu = \frac{1}{N} \sum_{v-n}^{n} \hat{F}_v \cdot e^{j\frac{2\pi\mu v}{2n+1}} \qquad (2.60)$$

v durchläuft den Bereich von -n bis +n, nimmt also die Werte 0, ±1, ±2, ... ±n an und N = 2n + 1. Mit einigen nützlichen Umformungen unter Einbeziehung der Periodizität des Ausdrucks $e^{-j \cdots}$ sind Rechenvorschriften (Algorithmen) entstanden, die eine schnelle FT ermöglichen und deshalb **Fast-Fourier-Transform (FFT)** genannt werden. Zunächst ergibt sich aus den Produkten $\mu \cdot v$ in den Beziehungen (2.59) und (2.60) als Lösung eine Matrix der Ordnung N^2. Mit den genannten Umformungen lassen sich aber die erforderlichen Rechenschritte reduzieren auf

$$N_r = K \cdot N \cdot \lg N. \qquad (2.61)$$

K ist eine von N abhängige Konstante.

Laplacetransformation: Sprunghafte, d. h. mindestens in einem Punkt t_k unstetige, Funktionen lassen sich nicht mit dem Fourier-Integral (2.46) und (2.47) transformieren, weil der Integrand nicht konvergiert. Diese Schwierigkeit hat zuerst Laplace umgangen, indem er im Exponenten der FT $j\omega$ (Faktor für die ungedämpfte Schwingung) durch $(\alpha + j\omega)$, dem Faktor für die gedämpfte Schwingung, ersetzt hat. Die damit formulierte Transformation erhält wieder die Form der FT, wenn man als „**komplexe Frequenz**" einführt

$$\sigma = \alpha + j\omega. \qquad (2.62)$$

An die Stelle (2.46) und (2.47) für die FT treten für die Gleichungen für die **Laplacetransformation:**

$$s(t) = \frac{1}{j2\pi} \int_{-j\infty}^{+j\infty} F(\sigma) \cdot e^{\sigma t} d\sigma \qquad (2.63)$$

31

$$F(\sigma) = \int_{-\infty}^{+\infty} s(t) \cdot e^{-\sigma t} dt \qquad (2.64)$$

Für zwei, für die DAS wichtige Funktionen, soll die Laplacetransformation angegeben werden:
1. Rechtecksprung (Sprungfunktion nach Küpfmüller):
   $\kappa(t) = 0$ für $-\infty < t < 0$ und $= 1$ für $t > 0$
2. Stoßfunktion nach Dirac (Ableitung der Sprungfunktion):

$$\delta(t) = \frac{d\kappa}{dt}$$

Einsetzen in (2.64) ergibt

$$F(\sigma)_\kappa = \frac{1}{\sigma} \qquad (2.65)$$

$$F(\sigma)_\delta = 1 \qquad (2.66)$$

Dadurch, daß die Stoßfunktion $\delta(t)$ bei der Transformation in die Spektralfunktion $F(\omega)$ den konstanten Wert 1 ergibt, ist sie als **Abtastfunktion** geeignet und entsprechend bedeutsam.

Z-Transformation: Treten die Sprung- oder Stoßvorgänge nicht einmalig, sondern periodisch auf (wie z. B. bei der Meßwertübertragung in codierter Form), erweist sich die Z-Transformation als geeignetes Werkzeug für die DSA. Ist also s(t) eine periodische Stoßfunktion, liegt es nahe, die Z-Transformation aus der Laplace-Transformation durch periodische Anwendung zu entwickeln. Wie bei der FFT, Gleichung (2.54), wird wieder angenommen, daß s(t) in Zeitabständen T_0 abgetastet und so eine Summe diskreter Werte gebildet wurde:

$$\hat{s}(t) = \sum_{n=0}^{\infty} s(t) \cdot \delta(t - nT_0) \qquad (2.67)$$

Für diese diskrete Funktion berechnet man die Laplacetransformierte, d. h. das Integral

$$\hat{F}(\sigma) = \int_{o}^{\infty} \hat{s}(t) \cdot e^{-\sigma t} dt = \int_0^{\infty} \sum_{n=0}^{\infty} s(t) \cdot \delta(t - nT_0) \cdot e^{-\sigma t} dt. \qquad (2.68)$$

Nach Umformungen und Einführung der Abkürzung

$$z = e^{\sigma T_0} \qquad (2.69)$$

folgt die Z-Transformierte der Funktion s(t) oder kurz die **Z-Transformation**

$$Z\{s(t)\} = \sum_{n=0}^{\infty} s(nT_0) \cdot z^{-n} = \hat{F}(z) \qquad (2.70)$$

32

Aus dieser Spektralfunktion können umgekehrt die abgetasteten Funktionswerte $s(nT_0)$ durch die Umkehrung der Z-Funktion gewonnen werden:

$$s(nT_0) = \frac{1}{2\pi j} \oint z^{n-1} \cdot \hat{F}(z)dz \qquad (2.71)$$

Die Integration erfolgt über eine beliebige geschlossene Kurve um die Pole von F(z).
Als Beispiel einer Z-Transformation sei $s(nT_0) = 1$ für alle n (d. h. eine Folge gleicher Werte 1) gewählt. Das Tranformationsergebnis ergibt sich leicht aus (2.70) zu

$$Z\{1(t)\} = \sum_{n=0}^{\infty} z^{-n} = 1 + \frac{1}{z} + \frac{1}{z^2} + \cdots = \frac{z}{z-1} \rightarrow |z > 1| \qquad (2.72)$$

Die Z-Transformation ist geeignet, das **Übertragungsverhalten für zeitdiskrete Systeme** zu untersuchen [10]. Ist $F_e(z)$ die Z-Transformierte der Eingangsfunktion $s_e(t)$, $F_a(z)$ der Ausgangsfunktion $s_a(z)$ und G(z) der Übertragungsfunktion des Systems, dann gilt allgemein

$$F_a(z) = G(z) \cdot F_e(z) \qquad (2.73)$$

Wählt man als Beispiel für das Übertragungssystem ein RC-Glied (Tiefpaß), dann findet man mit a als Dämpfungsfaktor

$$G(z) = \frac{F_a(z)}{F_e(z)} = 1 + az^{-1} \qquad (2.74)$$

Mit den üblichen Definitionen von **Amplituden-** und **Phasenfrequenzgang**

$$|G(z)| = f(\omega) \cdots \frac{\mathrm{Im}[G(z)]}{\mathrm{Re}[G(z)]} = \varphi(\omega) \qquad (2.75)$$

folgt aus (2.74)

$$\qquad (2.76)$$
$$|G(z)| = |G(e^{j\omega})| = \sqrt{1+a^2+a(z+z^{-1})} = \sqrt{1+a^2+2a\cdot\cos\omega}$$

$$\varphi(\omega) = \arctan\frac{-a\cdot\sin\omega}{1+a\cdot\cos\omega} \qquad (2.77)$$

ω ist hier als eine auf 2π normierte (dimensionslose) "Frequenz" anzusehen. In Bild 2.4 a und b sind die Ergebnisse von (2.76) und (2.77) für a = 1 dargestellt. Wie schon in Abschnitt 2.2.1 kurz erwähnt, zeigen Amplituden- und Phasenfrequenzgang für zeitdiskrete Vorgänge Periodizität. Im Diagramm bedeutet der Abszissenwert ω = π Taktfrequenz = 2 · Signalfrequenz. Es sei nochmals betont, daß bei zeitdiskreten Vorgängen stets falsche Ergebnisse auftreten, sobald das Eingangssignal Frequenzen enthält, die größer als die halbe Abtastfrequenz sind. Man spricht dann von einem **Allasing-Effekt,** der mit einem **Antialiasing-Filter** vermieden werden muß.

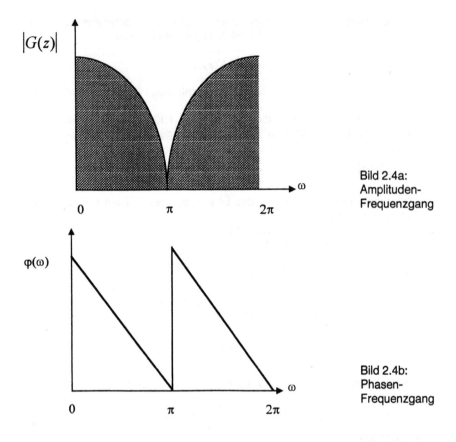

$|G(z)|$

$$0 \qquad \pi \qquad 2\pi \qquad \omega$$

Bild 2.4a:
Amplituden-
Frequenzgang

$\varphi(\omega)$

$$0 \qquad \pi \qquad 2\pi \qquad \omega$$

Bild 2.4b:
Phasen-
Frequenzgang

Wie bereits auf Seite 12 bei der Definition der Leistungsgrößen besprochen, sind für die Beurteilung der Meßgrößen häufig nicht die Augenblickswerte, sondern gewisse **Mittelwerte** heranzuziehen. Das trifft im besonderen Maße auf Folgen von Einzelimpulsen (sog. Musterfolgen) zu. Allgemein treten hier zu willkürlichen Zeitpunkten t_n Impulse auf, die nicht vorhersagbar sind. Man spricht dann von **stochastischen Prozessen**.

Vereinfachend sei angenommen, daß diese Impulsfunktionen $s_n(t)$ periodisch (äquidistant) auftreten. Amplitude und Form der Impulse können jedoch verschieden sein. Da das Quadrat der Amplitude proportional der Leistung ist (z. B. das Quadrat des Stromes I oder Spannung U), interessiert in erster Linie der **quadratische Mittelwert** (oben als Effektivwert definiert), der über eine Periode T gebildet wird:

$$\bar{s}_n^{\,2} = \int_{t_n - \frac{T}{2}}^{t_n + \frac{T}{2}} s_n^{\,2}(t)\,dt \qquad\qquad (2.78)$$

34

Das Integral in (2.78) wächst mit Ausdehnung der Periode ins Unendliche. Um für andauernde stochastische Prozesse eine mittlere Leistung zu berechnen, geht man zunächst von einem endlichen Integrationsintervall -T < t < +T aus, das erst nach Ausführung der Integration gegen Unendlich geführt wird:

$$\overline{s^2(t)} = \lim_{T \to \infty} \frac{1}{2T} \int_{-T}^{+T} s^2(t)dt \qquad (2.79)$$

Anwendung der Fouriertransformation $\quad F(\omega) = \int_{-T}^{+T} s(t) \cdot e^{-j\omega t} dt$

und Berücksichtigung des Parsevalschen Theorems (2.50) führen auch bei einer stochastischen Impulsfolge zur Auflösung der mittleren Leistung in ihre **spektralen Komponenten:**

$$\overline{s^2(t)} = \lim_{T \to \infty} \frac{1}{2T} \int_{-\infty}^{+\infty} |F(\omega)|^2 d\omega \qquad (2.80)$$

Mit der Substition

$$\Pi(\omega) = \lim_{T \to \infty} \frac{1}{2T} |F(\omega)|^2 \qquad (2.81)$$

erhält (2.80) die Form

$$\overline{s^2(t)} = \int_{-\infty}^{+\infty} \Pi(\omega)d\omega . \qquad (2.82)$$

$\Pi(\omega)$ ist die auf eine Bandbreite $\Delta\omega$ entfallende Leistung und wird deshalb als **Leistungsdichte** bezeichnet. Sie liefert also die Verteilung der Gesamtleistung auf das Frequenzband und damit Aussagen über das Belastungsprofil eines Prüflings. Es bietet sich an, die Leistungsdichte $\Pi(\omega)$ mittels Fouriertransformation in den Zeitbereich τ abzubilden:

$$Y(\tau) = \frac{1}{2\pi} \int_{-\infty}^{+\infty} \Pi(\omega) \cdot e^{j\omega\tau} d\omega \qquad (2.83)$$

Nach Umformungen erhält man als Ergebnis der Transformation der Leistungsdichte in den Zeitbereich eine Operation die als **Autokorrelation AK** bezeichnet wird:

$$Y(\tau) = \lim_{T \to \infty} \frac{1}{2T} \int_{-T}^{+T} s(t - \tau) \cdot s(t)dt \qquad (2.84)$$

Die AK entsteht also durch Verschiebung der Ausgangsfunktion s(t) durch ein Verzögerungsglied um die Zeitspanne τ und Multiplikation mit der Ausgangsfunktion. Mit ihr lassen sich innere statistische Eigenschaften (z. B. die einem Signal überlagerte Störung) aufdecken. An der Stelle $\tau = 0$ erhält man aus (2.84) die mittlere Leistung von s(t):

$$Y(0) = \lim_{T \to \infty} \frac{1}{2T} \int_{-T}^{+T} s(t) \cdot s(t - \tau)dt = \overline{s(t)^2} \qquad (2.85)$$

Den Quotienten aus (2.84) und (2.85), d. h. die auf τ bezogene Autokorrelation, ist die in DAS vielbenutzte **Autokorrelationsfunktion AKF**:

$$X(\tau) = \frac{Y(\tau)}{Y(0)} = \frac{1}{s^2} \lim_{T \to \infty} \frac{1}{2T} \int_{-T}^{+T} s(t) \cdot s(t - \tau)dt \qquad (2.86)$$

Laut Definition ist $X(0) = 1$, und wegen des statistischen Charakters von s(t) $\lim_{\tau \to \infty} X(\tau) = 0$.

Die in den Gleichungen (2.46) und (2.47) ausgedrückte Koppelung von deterministischer Zeitfunktion s(t) und spektraler Amplitudendichte F(ω) durch eine Fouriertransformation läßt sich auch auf die AKF und Leistungsdichte von stochastischen Vorgängen übertragen [9]:

$$Y(\tau) = \frac{1}{2\pi \cdot s^2} \int_{-\infty}^{+\infty} \Pi(\omega) \cdot e^{j\omega\tau} d\omega = \frac{1}{\pi \cdot s^2} \int \Pi(\omega) \cdot \cos \omega\tau \, d\omega \qquad (2.87)$$

$$\Pi(\omega) = 2s^2 \int_{0}^{\infty} Y(\tau) \cdot \cos \omega\tau \, d\omega \qquad (2.88)$$

Der Prozeß der Korrelation kann auch mit zwei verschiedenen stochastischen Funktionen $s_1(t)$ und $s_2(t)$ durchgeführt werden. Er wird dann als **Kreuzkorrelation** bezeichnet und gibt über eventuelle Abhängigkeiten der beiden Funktionen Auskunft. Analog zur Ableitung der AKF erhält man die **Kreuzkorrelationsfunktion KKF**

$$Y_K(\tau) = \frac{1}{\sqrt{s_1^2 \cdot s_2^2}} \cdot \lim_{T \to \infty} \int_{-T}^{+T} s_1(t) \cdot s_2(t - \tau)dt \qquad (2.89)$$

Eine interessante Anwendung der KK für die Motorenprüfung ist die **digitale Bestimmung des Drehmomentes** (s. VDI Berichte Nr. 939, 1992, S. 289). Ausgangsbeziehung ist auch hier (wie bei Verwendung von DMS) die Gleichung 2.4, also die Proportionalität von Drehmoment M und Torsionswinkel α. Als Sensoren dienen zwei an den beiden Wellenenden angebrachte Inkrementalgeber hoher Auflösung mit den Rechteck-Ausgangssignalen $s_1(t)$ und $s_2(t)$. Invertiert man eines dieser Signale, so ergibt das Integral in 2.86 mit $\tau = 0$ bei unbelasteter Welle ebenfalls den Wert 0. Ein Torsionswinkel α hat eine zeitliche Verschiebung der beiden Signalfunktionen zur Folge und 2.86 liefert eine Dreieckfunktion. Die Anstiegsflanke liefert den linearen Zusammenhang mit dem Torsionswinkel. Die Tatsache, daß die Ausgangssignale nur die Werte 0 und 1 annehmen, erleichtert die Berechnung der Korrelationsfunktion und ermöglicht die Rückführung auf ein Zählverfahren. Vorteile des Verfahrens sind die Vermeidung der elektrischen (störbehafteten) Signalübertragung, die rein digitale Signalauswertung im Rechner und die gleichzeitige Drehzahlermittlung. Nachteile sind Fehlerwerte um 5% und die Notwendigkeit von Drehzahlen > 0.
Große technische Bedeutung hat die KKF bei der Analyse stark verrauschter Signale. Dem ursprünglichen Signal s(t) sei ein Rauschsignal r(t) überlagert. Die Kreuzkorrelation der beiden Funktioenen s(t) und

g(t) = s(t) + r(t) ergibt (weil die Rauschfunktion r zur Signalfunktion s unkorreliert ist) die AKF von s(t). Ein anderes Beispiel ist die Kreuzkorrelation der Funktionen u(t) = U·sinωt und i(t) = I·sin(ωt - φ), die als Ergebnis die Wirkleistung liefert. Weitere Anwendungen und Beschreibungen von *„stochastischen Meßgeräten"* findet man in [11]. Theoretische Vertiefung stochastischer Prozesse, insbesondere auch die Ausdehnung auf zeitdiskrete Funktionen, liefern [9] und [12]. Bei Elektromotoren sind die Techniken der DAS oft von gravierender Bedeutung. Der Einsatz der Leistungselektronik in Stromrichtern und Frequenzumformern führt zu Oberwellenfeldern, die Zugkräfte zwischen Ständer und Läufer verursachen und zu Schwingungen (Geräuschen) an einzelnen Maschinenteilen führen. Der Markt liefert neben unzähligen Mathematikprogrammen (Maple, Mathcad, Matlab usw.) auch für die Integration in Prüfstände maßgeschneiderte Analysepakete, von denen „FAMOS" herausgegriffen sei.

2.3 Anforderungen an die Sensorik

Die Prüfung der Elektromotoren beginnt (nach funktionsgerechtem Einbau in den Prüfstand) mit der Erfassung der oben behandelten Motorkenngrößen und gegf. der Kenngrößen der Last (z. B. Druck und Durchfluß bei einer Pumpe). Von der Wahl der Sensoren (Meßwertaufnehmer) hängt entscheidend die Brauchbarkeit der Prüfergebnisse ab.

Für die meisten Meßgrößen und Meßbereiche gibt es mehrere Möglichkeiten, die Meßgrößen (z. B. das Drehmoment) in ein elektrisches Signal umzuwandeln. Durch Nutzung der Vorteile der Halbleiterelektronik (geringe Abmessungen, größere Empfindlichkeit usw.) sind entweder völlig neue Sensoren entstanden (z. B. Piezo-Resonatoren) oder die Einsatzbereiche vorhandener Sensoren konnten erweitert werden (z. B. bei DMS). Altbekannte physikalische Effekte (z. B. der Hall-Effekt) konnten erst auf der Basis der Halbleiterelektronik für die Sensorik zugänglich gemacht werden.

Ein **Sensor-Anforderungsprofil** sollte die folgenden Kriterien enthalten:

· **Meßbereich:**
Einerseits sollen die Nennwerte der Meßgröße bei etwa zwei Drittel des Meßbereichendwertes liegen, andererseits müssen auch größere Überlastwerte noch erfaßt werden. Letzteres ist z. B. bei der Drehmomentmessung von Bedeutung. Plötzliche Lastwechsel können ein Vielfaches des Nennmoments verursachen und zur Zerstörung einer unterdimensionierten Meßwelle führen.

· **Empfindlichkeit:**
In den meisten Fällen kann mit modernen (zum Teil im Sensor integrierten) Meßverstärkern auch bei sehr kleinen Meßgrößenänderungen und entsprechend kleinen Sensor-Ausgangssignalen die Meßwertanpassung bewältigt werden. Durch optimale Auswahl des Sensors kann allerdings oft unnötiger Aufwand (also unnötige Kosten) vermieden werden. Bei der Erfassung kleiner Dehnungen mit DMS sollten (wenn keine anderen Faktoren entgegenstehen) Halbleiter-DMS statt Metall-DMS eingesetzt werden.

- **Linearität:**
  Bei klassischen Meßwertaufnehmern (z. B. piezo-elektrische Beschleunigungsaufnehmer) ist die Linearität von großer Bedeutung; bei der Halbleiter-Sensorik weniger, weil beeinflußbar.
- **Störparameter:**
  Der Sensor wird in der Regel nicht nur von der Meßgröße, sondern auch von Störparametern beeinflußt. Fast immer von der Temperatur, aber auch von der Feuchte u. a. Wenn der funktionale Zusammenhang zwischen Störparameter und Sensorausgang bekannt ist, kann der Einfluß oft eliminiert werden, und zwar leichter bei Halbleiter-Sensoren als bei klassischen Aufnehmern.
- **Ausgangssignal:**
  Das Sensor-Ausgangssignal kann *analog*, *digital* oder *quasidigital* sein. Im „Normalfall" steht am Ausgang eine kleine analoge Spannung (einige mV an der DMS-Brücke) zur Verfügung. Bei Piezoaufnehmern eine Ladung. Die Drehzahlmessung mittels Code-Scheiben liefert dagegen ein digitales Signal. Sensoren auf der Basis von Oberflächenwellen (s. u.) liefern als Ausgangssignal eine Frequenz, das man als quasidigital bezeichnet. Für die Übertragung der Signale ist die digitale Form für die Störsicherheit wünschenswert, für die Speicherung notwendig.
- **Passiv vs aktiv:**
  Passive Sensoren benötigen eine Hilfsspannung von einigen Volt. Typischer Vertreter ist die DMS-Brücke. Piezoelektrische Aufnehmer liefern dagegen unter Einwirkung der Meßgröße (Kraft) direkt ein Ladungssignal.
- **Kommunikation:**
  Zunehmend wird auch für Sensoren Kommunikationsfähigkeit verlangt, d. h., es muß möglich sein, das Sensorsignal über eine Schnittstelle an einen entfernten Ort der Verarbeitung zu übertragen.
- **Berührungslos:**
  Zur Umwandlung der Meßgröße in ein elektrisches Signal, kann der Sensor entweder fest (berührend) mit dem Prüfling verbunden sein (z. B. DMS) oder das Abtastsignal entsteht durch Annäherung des Sensors an den Prüfling (z. B. Interferometer), d. h. berührungslos.

Für die in Abschnitt 2.1 beschriebenen Meßgrößen stehen eine ganze Reihe unterschiedlichster Sensoren zur Verfügung. Die in Motorenprüfständen vorherrschend eingesetzten Sensorprinzipien und ihre typischen Anwendungen bei der Prüfung sollen im folgenden kurz dargestellt werden.

Dehnungsmeßstreifen (DMS):

Bei DMS wird der *Piezowiderstandseffekt* genutzt. Er bewirkt eine Änderung des elektrischen Widerstandes R, wenn kristallines Material einer Zug- oder Druckbelastung ausgesetzt wird [13]. Unter Einhaltung bestimmter Meß- und Fertigungsbedingungen (Dehnungen im Bereich des Hookeschen Gesetzes und geeignete Wahl der Kristallrichtung) gilt die vereinfachte Beziehung

$$\frac{\Delta R}{R} = k \cdot \sigma \qquad (2.90)$$

σ = mechanische Spannung in N/m²
k = Piezowiderstandskonstante.

Die Längenänderung Δl unter Einfluß der mechanischen Spannung σ folgt aus dem Hookeschen Gesetz

$$\sigma = E \cdot \frac{\Delta l}{l} = E \cdot \varepsilon \qquad (2.91)$$

E = Elastizitätsmodul in N/m²

Aus (2.90) und (2.91) folgt mit der Einführung der neuen Konstanten $k \cdot E = K$ die Beziehung

$$\frac{\Delta R}{R} = K \cdot \frac{\Delta l}{l}$$

$$\frac{\Delta R}{R} = K \cdot \varepsilon \qquad (2.92)$$

K = K- bezw. Gage-Faktor.

Der K-Faktor bestimmt die Empfindlichkeit; er ist ein Materialfaktor, der bei Silizium durch unterschiedliche Dotierung beeinflußt werden kann. Bei Metall-DMS liegen die Werte zwischen 2 (Konstantan) und 6,6 Platin-Iridium); bei Silizium-DMS können Werte bis 180 erreicht werden mit K = 120 als typischen Wert. Der Meßeffekt ist bei den häufig verwendeten Konstantan-DMS sehr klein: Sollen z. B noch Dehnungen von $\varepsilon = 5 \cdot 10^{-6}$ mit 10% Unsicherheit gemessen werden, müssen alle relativen Widerstandsänderungen, die nicht von einer Bauteilverformung herrühren, kleiner als 10^{-6} sein!
Zuverlässige Meßergebnisse setzen deshalb die Kenntnis der **DMS-Eigenschaften** und **Störgrößen** voraus [14] und VDE/VDI 2635:
Konstanz des K-Faktors: Unter „normalen" Bedingungen bleibt der K-Faktor bei Dehnungen $\varepsilon \leq \pm 5 \cdot 10^{-3}$ auf etwa ± 0,5% konstant. „Normal" bezieht sich auf Temperatur, relative Feuchte und Grenzen der Verformung (ε). Temperatur- oder Feuchteschocks können den K-Faktor irreversibel um mehrere Prozent verändern.
Querempfindlichkeit: Ein (meist kleiner) störender Einfluß durch Leiterelemente, die quer zur Dehnungsrichtung liegen.
Dauerschwingverhalten: Bei dynamischen Messungen hat der DMS zahlreiche Lastwechsel zu ertragen. Bis etwa 10^7 Lastwechsel ändert sich der K-Faktor weniger als 1%. Dagegen kann der Nullpunkt des DMS erheblich wandern und Dehnungen von $\geq 10^{-3}$ vortäuschen (Vorzeichen immer +). Bei Dehnungen $< 10^{-3}$ kann man die DMS als *dauerschwingfest* ansehen; andauernde Schwingungen darüber können zur Zerstörung des DMS führen [14, S. 27].
Kriechen: Bei statischen Messungen oder dynamischen Messungen mit größerem statischen Anteil macht sich das Kriechen als störende Eigenschaft be-

merkbar [15]. Es ist hauptsächlich von der Qualität der Klebung und von der Temperatur abhängig. Bis zu Dehnungen von etwa $2 \cdot 10^{-3}$ ist das Kriechen der Dehnung ε proportional und damit das relative Kriechen $\dfrac{\Delta\varepsilon}{\varepsilon}$ konstant. Bei Temperaturen < 60 °C liegt der Wert nach ca. 20 h um 1%, bei 100 °C bei 5% [14, S. 28].

Grenzfrequenz: Die für dynamische Messungen wichtige Grenzfrequenz wird vom Mechanismus der Dehnungsübertragung Prüfling - Kleber - Träger - Leiter bestimmt. Nach Untersuchungen in den USA [16] sind Grenzfrequenzen > 1 MHz möglich.

Temperatureinfluß: Mit der Veränderung der Temperatur ändert sich auch der spezifische Widerstand des DMS-Leitermaterials und damit der K-Faktor. Außerdem sind i. a. die thermischen Ausdehnungskoeffizienten von Prüfling und DMS verschieden, so daß der DMS eine thermisch verursachte Dehnung erfährt [14, S. 30]. Im Temperaturbereich 10 °C < ϑ < 40 °C ändert sich der K-Faktor um etwa 0,1%/10 °C. (Kompensation durch geeignete Schaltungsmaßnahmen: Halb- bzw. Vollbrücke statt Viertelbrücke).

Feuchtigkeitseinfluß: Feuchtigkeit hat *wesentlichen* und leider auch komplexen Einfluß auf das Meßergebnis. Beeinflußt wird einmal der Isolationswiderstand, und zwar abhängig von der Brückenspeisespannung (DC oder AC unterschiedlicher Frequenz), aber auch das Träger- und Klebermaterial (beträchtliche Nullpunktwanderungen durch Materialaufquellung). Wenn Messungen in einer Umgebung mit hoher Feuchtigkeit notwendig sind, sollten die ausführlichen Hinweise in [14, S. 32] oder ähnliche Abhandlungen (z. B. [16]) beachtet werden.

Die Dehnung ist über einfache Beziehungen mit vielen anderen physikalischen Größen gekoppelt, die deshalb auch mit DMS erfaßt werden können: Kraft - Weg - Drehmoment - Druck - Beschleunigung u.v.a.m. Die Entwicklung und riesige Bedeutung der DMS auf Silizium-Basis in Verbindung mit der erreichbaren Genauigkeit beim Einfluß der verschiedensten Störfaktoren wurden neuerlich in tm 11/96, Seite 403 bis 412 ausführlich beschrieben.

Im Prüfstand für Elektromotoren findet man die DMS-Sensorik in der *Meßwelle für das Drehmoment* wieder. Auf der Basis der Gleichung (2.4) auf Seite 6 ist die Verdrillung um den Winkel α dem Drehmoment M, aber auch der Dehnung ε proportional, wenn die Leiterelemente unter 45° zur Wellenachse liegen. Bei Silizium-DMS wird dies bereits beim Integrationsprozeß verwirklicht. Als Übertragungssystem für die Brückenspeisung und das Meßsignal werden entweder Schleifringe oder Drehtransformatoren verwendet. Schleifringe haben den Vorteil, daß die Brückenspeisung sowohl mit Gleichspannung als auch mit Trägerfrequenzspannung erfolgen kann und preiswert ist. Das rotierende Transformatorsystem hat dagegen den Vorteil, daß die Übertragung berührungslos ist. Nachteilig ist, daß die Grenzfrequenz auf ein Fünftel der Trägerfrequenz beschränkt ist (bei der typischen Trägerfrequenz von 5000 Hz also auf 1000 Hz). Beide Arten von Meßwellen werden für Drehmomente von einigen Ncm bis einige Zehntausend Nm angeboten.

Induktive Meßwertaufnehmer:

Die Induktivität von Spulen oder Transformatoren kann in vielfältiger Weise durch mechanische Größen beeinflußt werden und so zur Messung dieser Größen führen. Im Unterschied zu DMS und anderen resistiven Sensoren mit rein ohmschen Widerstand ändert sich bei induktiven Sytemen der komplexe Scheinwiderstand

$$\Re = R + j \left(\omega L - \frac{1}{\omega C} \right) \tag{2.94}$$

Die zu messende Größe bewirkt nicht nur eine beabsichtigte proportionale Änderung der Selbstinduktion L, sondern den Scheinwiderstand $\Re$. Kapazitive und ohmsche Anteile können i. a. vernachlässigt werden. Da in (2.94) die Frequenz ω enthalten ist, kommt der Konstanz der Trägerfrequenz der Speisespannung Bedeutung zu, so wie den Eigenschaften des Meßkabels [17].
Hauptvorteile der induktiven Aufnehmer sind hohe *Empfindlichkeit* und *Robustheit*.
Vereinfacht errechnet sich der Selbstinduktionskoeffizient L aus

$$L = \frac{\mu_0 \cdot \mu \cdot N^2 \cdot A}{l} \tag{2.95}$$

μ_0 = Induktionskonstante
μ = relative Permeabilität
N = Windungszahl
A = Spulenquerschnitt
l = Spulenlänge

Die relative Permeabilität μ kann durch Verschieben des Spulenkerns, durch Änderung des Luftspalts im magnetischen Kreis oder durch magnetoelastische Veränderungen am Kern erfolgen.
Mit induktiven Aufnehmern lassen sich Wege von 0,1 mm bis zu einigen Metern messen; sie sind in einem Temperaturbereich von -50 °C bis +230 °C einsetzbar.
Im Motorenprüfstand findet man induktive Meßsysteme wieder bei der Erfassung des Drehmomentes. Ausgangspunkt ist wie bei DMS die Beziehung (2.4).
Bei unbelasteter Meßwelle ($\alpha = 0$) befindet sich der Tauchkern eines Differentialtransformators in Mittelstellung, so daß sich die in den beiden Sekundärspulen induzierten Spannungen kompensieren. Ein Drehmoment bewirkt ein dem Torsionswinkel α proportionale Kernverschiebung mit entsprechendem Ausgangssignal. Vorteile des induktiven Systems sind Langzeitstabilität (z. B. 0,05%/Jahr), Linearität (± 1%), hohe Drehzahlen (> 50.000 1/min). Nachteilig ist die Speisung mit Trägerfrequenz, die die oben aufgeführten Beschränkungen und Störungen verursacht.
Ein ganz anderer Weg der Beeinflussung der Selbstinduktion (2.95) und damit zur Messung des **Motordrehmoments** ist in [18] beschrieben. Auch hier ist die

Torsion einer (nichtferromagnetischen) Meßwelle nach Gleichung (2.4) Ausgangspunkt der Messung. Als Sensor dient eine etwa 50 μm dicke Folie aus einer amorphen (nicht kristallinen) Legierung, die (wie DMS) auf der Meßwelle appliziert wird. Bei Torsion der Welle ändert sich proportional zum Torsionswinkel α die magnetische Suszeptibilität κ. Die Materialkonstante κ ist mit der Permeabilität verknüpft durch $\kappa = \dfrac{\mu - \mu_0}{\mu_0}$, so daß nach (2.95) die Selbstinduktion L beeinflußt wird. Das Meßsignal kann induktiv, also berührungslos, mittels Ringspulen erfaßt werden.

Piezoelektrische Meßwertaufnehmer:
Bei bestimmten Kristallen (z. B. Quarz) erzeugt ein einwirkende Kraft durch Kristallgitterverformungen an bestimmten Kristallflächen eine elektrische Ladung Q (piezoelektrischer Effekt). Zwischen Kraft und Ladung besteht in einem weiten Bereich strenge Proportionalität. Haupteinsatzgebiete sind Kraft-, Druck- und Beschleunigungsmessungen [14, S. 68].
Zur Beschreibung des Meßeffektes ist zunächst zu beachten, daß die Verschiebung der Ladung in den drei Richtungen x, y und z (in der Formel ausgedrückt durch die Indizes 1, 2 und 3) und die Kraft in sechs Richtungen, nämlich senkrecht zur x-Fläche oder tangential zur ihr und entsprechend für y und z angreifen kann. Als Sensorausgangsgröße wählt man die elektrische Polarisation D (das ist die entstandene Ladung pro Flächeneinheit C/m^2), als Eingangsgröße die mechanische Spannung σ (N/m^2) und als Empfindlichkeitfaktor den piezoelektrischen Koeffizienten d (C/N = m/V):

$$\begin{bmatrix} D_1 \\ D_2 \\ D_3 \end{bmatrix} = \begin{bmatrix} d_{11} & d_{12} & d_{13} & d_{14} & d_{15} & d_{16} \\ d_{21} & d_{22} & d_{23} & d_{24} & d_{25} & d_{26} \\ d_{31} & d_{32} & d_{33} & d_{34} & d_{35} & d_{36} \end{bmatrix} \cdot \begin{bmatrix} \sigma_1 \\ \sigma_2 \\ \sigma_3 \\ \sigma_4 \\ \sigma_5 \\ \sigma_6 \end{bmatrix} \qquad (2.96)$$

Nur bei wenigen, für die Sensorik unwichtigen, Kristallen sind alle 18 d_{ik} von null verschieden. Der für die Anwendung wichtige α-**Quarz** besitzt nur 5 von null verschiedene Werte:

d_{11} = 2,3	$-d_{11}$	0	d_{14} = -0,73	0	0
0	0	0	0	$-d_{14}$	$-2d_{11}$
0	0	0	0	0	0

Ähnlich verhält es sich mit den anderen in der Sensorik verwendeten Kristallen [14].
Sensoren mit Quarzkristallen werden so konfiguriert, daß der Koeffizient d_{11} genutzt wird. Im Temperaturbereich -200 °C bis +200 °C ändert sich d_{11} um < 2%.

42

Für Anwendungen in einem engeren Temperaturbereich und mit geringener Präzision wird **Piezokeramik** eingesetzt. Für Blei-Titanit-Zirkonat ist d_{15} = 584. Bei der Prüfung von Elektromotoren kommt der piezoelektrische Sensor hauptsächlich zur Erfassung von **Vibrationen** zum Einsatz. Wie schon auf Seite 12 besprochen, können die Vibrationen mit der Amplitude A und der Frequenz ω mittels Messung der Beschleunigung a ermittelt werden:

$$a(t) = \omega^2 \cdot A \cdot \sin \omega t \qquad (2.97)$$

Da andererseits Kraft F, Masse m und Beschleunigung a bekanntermaßen über F = m·a zusammenhängen, wird das Meßelement aus einer seismischen Masse und Kristallelement aufgebaut. Der Sensor besteht somit aus einem Feder-Masse-System mit dem Kristallelement als Feder großer Steifigkeit. Ein wichtiges Anwendungsgebiet der piezoelektrischen Beschleunigungsmessung ist zunehmend die Untersuchung von Körperschall. Die Überwachung thermisch beanspruchter und schwer zugänglicher Teile kann mit Körperschall-Meßmethoden durchgeführt werden, ohne den Prüfling zu beeinflussen. Der Sensor nimmt die Meßsignale von der Oberfläche des Motors ab.
Piezoelektrische Sensoren eignen sich sehr gut für dynamische Messungen, allerdings mit der Einschränkung, daß die unterste Frequenz > 0 sein muß. Von der sehr hohen Eigenfrequenz der Piezo-Sensoren kann zudem nur ein relativ kleiner Bereich (10 bis 20%) meßtechnisch genutzt werden, weil nach (2.33) eine nur geringe Dämpfung des Sensorsystems zu einem ungünstigen Amplituden-Frequenzgang führt. Mehr noch als bei induktiven Trägerfrequenz-Systemen, stellt die piezoelektrische Meßtechnik hohe Anforderungen an Kabel und Stecker, die mit der Temperatur noch steigen:

Hohe Isolation   Abdichtung gegen Verunreinigung
Abschirmung   Antitriboelektrischer Aufbau
Co-axiale Kabel   Einsatz von Keramik bei ϑ bis 700 °C

Der *triboelektrische Effekt* beschreibt die Entstehung von elektrischen Ladungen durch stoßartige Belastungen des Kabels. Mit dem Ladungsverstärker (Wandlung Q→U) wird das Meßergebnis unabhängig von der Kabellänge.
Die am Sensor beim Einwirken einer Kraft anstehende Ladung ist sehr gering; z. B. 23 pC bei 10 N. Entsprechend hoch sind die Anforderungen an den nachgeschalteten **Ladungsverstärker** (Bild 2.5). Er wandelt nach der Beziehung

$$U = \frac{Q}{C}$$ die erzeugte Ladung Q in eine Signalspannung U um, wobei in modernen

Geräten noch Werte von 10 fC (f = Femto = 10^{-15}, 1 C = 1 Coulomb = 1 As) gemessen werden können.

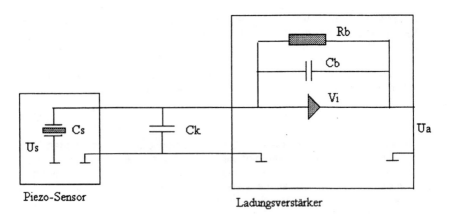

Bild 2.5: Piezoelektrisches Meßsystem.
   Nach Mahr und Gautschi, Kistler Instrumente, Ostfildern und Winterthur

C_K Kabelkapazität
C_B Bereichskapazität
R_B Bereichswiderstand
V_i innere Verstärkung

Für R_B = 0 ergibt sich eine Ausgangsspannung von $u_A = -\dfrac{Q}{C_B} \cdot \dfrac{1}{1 + \dfrac{1}{V_i} + \dfrac{C_K + C_S}{V_i \cdot C_B}}$

Man erkennt daraus, daß der Einfluß von Kabel- und Sensorkapazität mit steigender Verstärkung abnimmt und bei einem typischen Wert von 10^5 zu vernachlässigen ist, wenn nicht zu lange Kabel oder zu hohe Meßfrequenzen gewählt werden. Die Bereichskapazität und der Bereichswiderstand beeinflussen untere und obere Meßfrequenz. Mit $\tau = C_B R_B$ als Zeitkonstante ergibt sich für die Grenzfrequenz $f_g = \dfrac{1}{2\pi \cdot \tau}$,

d. h., R_B sollte zu Gunsten einer hohen Grenzfrequenz möglichst klein gewählt werden, was aber andererseits zu schnellerer Entladung von Signalanteilen mit niedriger Frequenz führt. Für piezoelektrische Quarzsensoren werden die folgenden typischen Werte erreicht:

Meßbereichumfang   1 : 100.000
Auflösung 10^8
Temperaturbereich   - 240 °C bis + 350 °C
Frequenzbereich   1 Hz bis 10 kHz
Genauigkeit   ± 1%

44

Umgebungsbedingungen	Sensor für rauhen Betrieb,
	Vorkehrungen für Verstärker
Störsignale	Heftige Kabelbewegungen

OFW-Sensoren:
Oberflächenwellen (nach ihrem Entdecker [1887] auch Rayleigh-Wellen genannt) haben seit den 70er Jahren in der Filtertechnik und nun zunehmend auch in der Sensorik große Bedeutung erlangt [18]. Allein Siemens fertigt jährlich auf der Basis der Halbleiter-Integrationstechnik mehr als 100 Millionen Filter für die Hochfrequenz-Signalverarbeitung und vermehrt ebenso hochempfindliche wie stabile Sensoren für die Erfassung eines breiten Spektrums physikalischer Größen, in das auch das Drehmoment fällt [19]. Es handelt sich dabei um piezoelektrische Sensorsysteme in Chip-Form aus Quarz, $LiNbO_3$ oder $LiTaO_3$.

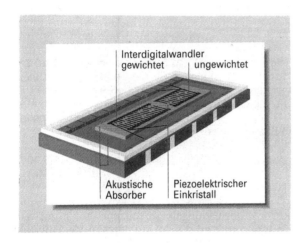

Bild 2.6:
Prinzip OFW-Sensoren nach Bulst und Ruppel (Siemens-Zeitschrift Spezial-FuE, Frühjahr 1994)

Wie in Bild 2.6 skizziert, befinden sich auf dem Chip kammartige Strukturen aus ca. 0,1 µm dickem Aluminium (Interdigitalwandler genannt), die beim Auftreten des Piezoeffekts **akustische Oberflächenwellen (OFW)** - englische Bezeichnung **Surface Acoustic Waves SAW** - anregen. Die Frequenz bzw. Wellenlänge der OFW hängt von der Geometrie des Interdigitalwandlers und der Schallgeschwindigkeit des Trägermaterials ab. Mit Strukturen im mm-Bereich sind Frequenzen bis zu einigen GHz erreichbar, während die untere Grenze bei 20 MHz liegt.
Ist v die Schallgeschwindigkeit, f_0 bzw. λ die Frequenz bzw. Wellenlänge der OFW und a der Gitterabstand der Interdigitalelektroden, so gelten folgende Beziehungen:

45

$$v = f_0 \cdot \lambda \approx 3500 \frac{m}{s} \qquad \lambda = 2a \qquad f_0 = \frac{v}{2a} \qquad (2.98)$$

Das OFW-Element kann auf ein zu prüfendes Bauteil geklebt und im Prinzip wie ein DMS behandelt werden; denn mit einer Dehnung ε des Bauteiles ändern sich sowohl v als auch a mit der Folge, daß sich die Resonanzfrequenz von f_0 nach f_ε verschiebt:

$$f_\varepsilon = f_0(1-k \cdot \varepsilon) \qquad k \approx 1,3 \qquad (2.99)$$

Vorteile gegenüber der DMS-Technik sind die Langzeitstabilität des Quarzes, große Empfindlichkeit ($\varepsilon \approx 10^{-8}$), ein quasidigitales Ausgangssignal (Frequenz) und als aktives Sensorsystem ohne Versorgung mit Hilfsenergie.
Die Analogien zur DMS-Technik lassen vermuten, daß mit OFW-Sensoren die Erfassung des Drehmoments möglich ist. Wie in [20] beschrieben, wurde diese mit zwei unter $\div 45°$ auf die Welle geklebten OFW-Resonatoren bereits durchgeführt.

Hall-Sensor:
Der schon seit 1879 bekannte (und nach seinem Entdecker benannte) **Hall-Effekt** konnte mit den III-V-Halbleiterverbindungen für die Sensorik erschlossen werden [13]. Dieser *Galvanomagnetische Effekt* besagt, daß ein vom Strom i_H durchflossenes Hall-Element, das senkrecht zur Stromrichtung mit einem Magnetfeld mit der Flußdichte B beaufschlagt wird, eine Hall-Spannung U_H generiert, die senkrecht zu i_H und B gerichtet ist:

$$U_H = k_H \cdot i_H \cdot B \qquad (2.100)$$

k_H Leerlaufempfindlichkeit [V/A·T]

Die Konstante k_H ist proportional der Ladungsträgerkonzentration n und der Schichtdicke d: $k_H \sim n \cdot d$. Ein typischer Wert d $\approx$ 0,3 µm ergibt für die Leerlaufempfindlichkeit etwa 30 V/A·T $\leq k_H \leq$ 300 V/A·T und mit einem Steuerstrom i_H = 5 mA, B = 0,2 T ein Meßsignal im Bereich U_H = 30 .....300 mV. Der Innenwiderstand liegt meistens zwischen 200 Ω und 3 kΩ.
Der Hall-Sensor wird hauptsächlich in zwei Domänen der Meßtechnik eingesetzt:
*   Als Sonde zur Messung von Magnetfeldern und, davon abgeleitet, zur berührungslosen Strommessung.
*   Für die Positionserfassung magnetisch leitender Prüflinge.
Die Messung von Magnetfeldern folgt direkt aus der Beziehung (2.100), und es stehen Sonden für die unterschiedlichsten Prüflinge zur Verfügung. Die davon abgeleitete Strommessung basiert auf dem Biot-Savartschen Gesetz, nach dem ein vom Strom I durchflossener Leiter von eimem Magnetfeld B umgeben ist, das dem Strom I proportional ist.
Aus Gleichung (2.100) geht aber noch eine andere Eigenschaft des Hall-Sensors hervor, nämlich daß das Produkt zweier elektrischer Größen wieder als

elektrische Größe abgebildet wird. Daraus läßt sich die Messung der stark oberwellenbehafteten Leistung ableiten, wie sie bei Speisung der Motoren über elektronische Umrichter erforderlich wird [21]. Der zu messende Strom I wird (wie oben ausgeführt) über sein Magnetfeld B bestimmt; Die Spannung generiert einen proportionalen Steuerstrom i_H. Das Produkt ist die dem Motor zugeführte **Wirkleistung.** Das von Siemens mit der Bezeichnung KSY 10 angebotene Sensorsystem ist bis B ≤ 0,5 T auf 0,2% linear und liefert bei einem Steuerstrom von i_H = 5 mA eine Ausgangs-Hallspannung von maximal 500 mV.

Die zweite Domäne des Hall-Sensors ist die **Positionserfassung.** Bei der Prüfung der Elektromotoren kommt sie in zweierlei Weise zum Einsatz: Einmal in Form einer schnellen und berührungslosen Wegerfassung bei **Vibrationsmessungen** und zum anderen bei der ebenfalls berührungslosen **Drehzahlmessung.**

Die Beziehung zwischen Position und Hall-Spannung ergibt sich durch Einbeziehung des Abstandes von Sensor und Prüfling (aus magnetisch leitenden Material) in den magnetischen Kreis. Mit wachsendem Abstand d nimmt die magnetische Induktion B empfindlich ab und umgekehrt (allerdings nicht linear). Ist der Prüfling z. B. ein Zahnrad, ändern sich d und B beim Wechsel von Zahn zu Lücke sprunghaft und die Anzahl der elektrischen Impulse (durch Impulsformer i. a. zu Rechteckimpulsen geformt und leicht abzählbar) pro Sekunde ist offensichtlich ein Maß für die Drehzahl.

In der folgenden Tabelle sind die typischen Nenndaten für einen Hallsensor (KSY 10 von Siemens) eingetragen.

Nennsteuerstrom	i_H = 5 mA
Linearität für 0 ... 1 T	< ± 0,7%
Innenwiderstand	R_i ≈ 1200Ω
Leerlaufempfindlichkeit	k_H ≈ 200 V/A·T
Temperaturkoeffizient von	k_H ≈ 0,04%/K
Zul. Betriebstemperatur	-40 °C < ϑ < 150 °C

Feldplatten:
Noch früher als der Hall-Effekt wurde die **Widerstandsänderung im Magnetfeld** (1856) entdeckt, die (wie der Hall-Effekt) seit Einführung der Halbleiterelektronik für die Sensorik unter der Bezeichnung *Feldplatte* genutzt werden kann.Wird mit dem Index „o" die Größe ohne und mit „B" mit Magnetfeld angegeben, so besteht zwischen spezifischen Widerstand ρ bzw. Widerstand R und der magnetischen Induktion die Beziehung

$$\frac{\rho_B}{\rho_0} = \frac{R_B}{R_0} = 1 + \frac{B^2}{B_0^{\,2}} \qquad (2.101)$$

B_0 ist eine Bezugsgröße.

Feldplatten zeigen eine größere Temperaturabhängigkeit und werden deshalb als *Feldplatten-Differential-Sensoren* ähnlich wie DMS zusammen mit magnetfeldunabhängigen Widerständen in Vollbrückenschaltungen betrieben. Ihr Anwendungsgebiet ist mit dem der Hall-Sensoren vergleichbar [13].

Interferometer:
Für hochpräzise und hochdynamische Prüfverfahren werden zunehmend optoelektronische Methoden eingesetzt. Ursache ist das ständig erweiterte Spektrum an verfügbaren optischen- und opto-elektronischen Bauelementen (allen voran der Diodenlaser). Mit ihnen wurde es möglich, bei erträglichen Kosten die Vorteile der opto-elektronischen Meßtechnik zu nutzen: Berührungslosigkeit, höchste Auflösung, Genauigkeit und Dynamik (bis zu GHz). Grundsätzlich können alle optischen Parameter (Intensität, Frequenz, Polarisation und Phasenlage) für sich allein oder in Kombination für die Messung nahezu aller physikalischer und chemischer Größen herangezogen werden. Im Rahmen der Prüfung von Elektromotoren kommt die opto-elektronische Meßtechnik hauptsächlich für die Erfassung von **Vibrationen** (Schwingungen) infrage. Zwei überlagerte Lichtstrahlen erzeugen in Abhängigkeit ihrer Phasenlage ein Interferenzmuster, das Rückschlüsse auf die Ursache der Phasenverschiebung zuläßt. Das darauf basierende Interferometer wurde für die Spektrokopie schon 1892 (Michelson) eingesetzt, aber erst mit der Lasertechnik zum industriellen Meßgerät aufgewertet.

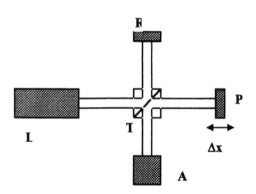

Bild 2.7:
Prinzip Michelson-Interferometer mit Laser L, Strahlteiler T, Prüfling P, Reflektor R und Analysator A

Das Prinzip ist in Bild 2.7 wiedergegeben: Der vom Laser L ausgehende Strahl wird vom Strahlteiler T so aufgeteilt, daß ein Meßstrhal auf das Prüfobjekt P trifft und ein Referenzstrahl den Weg über einen Referenzpiegel R nimmt. Danach werden beide Strahlen in T überlagert und dem Analysator A zugeführt. Jede Bewegung des Prüfobjekts in Strahl- (x-) Richtung verändert offensichtlich die Interferenzbedingungen im Analysator. Der in [22] näher beschriebene Sensor kann gleichzeitig als **Laser-Doppler-Vibrometer** und als **Laserinterferometer zur Wegmessung** eingesetzt werden. Der auf die bewegte Oberfläche des Prüfobjekts treffende Strahl erfährt eine *Doppler-Frequenzverschiebung*, die proportional zur Geschwindigkeit v ist. Im Analysator wird die Intensität der beiden überlagerten Wellen $A_1(x,t) + A_2(x,t)$ ermittelt. Aus der Rechnung folgt ein einfacher Zusammenhang zwischen Dopplerfrequenz f_D, Wellenlänge des Laserlichts λ und Geschwindigkeit v des Prüflings:

$$v = \frac{f_D \cdot \lambda}{2} \qquad (2.102)$$

Bei Verwendung eines HeNe-Lasers ist λ = 632,8 nm und damit

$$f_D \, [\text{MHz}] = 3,16 \cdot v \, [\, \frac{m}{s} \,].$$

In dem in [22] beschriebenem Gerät wird ein *Mach-Zehnder-Interferometer* mit Lichtwellenleitern als Interferometerarme benutzt, das auch Relativbewegungen zwischen zwei Punkten messen kann. Wenn als Auswerteverfahren nicht die Intensitätsbestimmung angewendet wird, sondern die Interferenzstreifen im Abstand $\lambda/2$ gezählt werden, ist auch eine Wegmessung möglich. Meßobjekt und Sensor können einen Abstand von mehreren Metern haben und überdies (bei gefährlichen Umweltbedingungen) durch ein Schutzfenster getrennt sein. Bei Anwendung der Geschwindigkeitsmessung nach (2.102) können Vibrationen bis in den MHz-Bereich mit Amplituden < 1 nm erfaßt werden, beim Auszählen der Interferenzstreifen Wege < 1μm bis einige cm. Im Falle der Prüfung von Elektromotoren kommt auch der Umstand der Berührungslosigkeit der Messung zum Tragen: Die Schwingungsmessung kann punktgenau an rotierenden Teilen in praktisch beliebig großem Drehzahlbereich durchgeführt werden, so daß Schwingungsprofile über Ort und Drehzahl des Prüflings möglich sind. Andererseits sollen die hohen Anschaffungskosten nicht verschwiegen werden, so daß man dem Interferometer gegenüber dem meist eingesetzten Piezo-Beschleunigungsaufnehmer nur dann den Vorzug geben wird, wenn die genannten Vorteile wirklich genutzt werden können. Das ist zum Beispiel bei der Messung an sehr heißen, bewegten Teilen oder bei der Kalibrierung der Piezo-Aufnehmer (Normenentwurf ISO 5347) der Fall.

Temperatur-Sensoren:
Ergänzend zu den Vorgaben aus VDE 0530, die im Abschnitt 2.1.3. behandelt wurden, sollen hier einige grundsätzliche Anmerkungen zur Temperaturmessung gemacht werden. Zunächst sind zu unterscheiden:
* **Kontaktthermometrie:**
  Das Thermometer steht mit dem Gegenstand, dessen Temperatur gemessen werden soll, in innigem Kontakt, so daß es dessen Temperatur annehmen kann.
* **Strahlungsthermometrie:**
  Der Verlauf der vom Prüfling abgegebenen Strahlungsintensität als Funktion der Wellenlänge läßt einen Rückschluß auf seine Temperatur zu.

Die „klassischen" Sensoren der Kontaktthermometrie, die weiterhin in sehr großer Stückzahl eingesetzt werden, sind **Thermoelement** und **Widerstandsthermometer** (ausführliche Behandlung in [23]). Jedoch hat die Halbleiterelektronik ihren Einfluß auch auf die Temperatur-Sensorik ausgedehnt. Mit **Heiß-** und **Kaltleitern** sowie Fotowidersand sind kostengünstige Sensoren entstanden, die große Empfindlichkeit und im Allgemeinen ausreichende Genauigkeit aufweisen [13, S. 25].

Thermoelemente: Nach dem Seebeck-Effekt erzeugen zwei metallische Leiter aus unterschiedlichem Material, die an einem Ende in innigen Kontakt (verschmeißt) stehen, an ihren offenen Enden eine temperaturabhängige elektrische Spannung. Die gemessene Thermospannung U_ϑ ist proportional zur Differenz von Meßstellentemperatur ϑ_1 und Vergleichstemperatur an den offenen Enden des Thermoelements ϑ_2.

Vorteile der Thermoelemente sind die robuste und einfache Konstruktion, Langzeitstabilität, Reproduzierbarkeit der Kennlinie und Temperaturmessungen von - 200 °C bis 1700 °C durch Auswahl geeigneter Metallkombinationen. Nachteilig ist der Einfluß zusätzlicher Kontaktspannungen durch Ausgleichsleitungen und die Notwendigkeit einer Vergleichstemperatur. Von den vielen möglichen Metallkombinationen wurden nach **DIN IEC 584** und **DIN 43710** eine Reihe besonders geeigner ausgewählt und genormt:

DIN IEC 584

Metallkombination	Chemische Formel	Kennbuchstabe	Maximale Temperatur ϑ
Eisen-Konstantan	Fe-CuNi	J	750 °C
Kupfer-Konstantan	Cu-CuNi	T	400 °C
Nickelchrom-Nickel	NiCr-Ni	K	1370 °C
Nickelchrom-Konstantan	NiCr-CuNi	E	900 °C
Nicrosil-Nisil	NiCrSi-NiSi	N	1200 °C
Platinrhodium-Platin	Pt10Rh-Pt	S	1600 °C
Platinrhodium-Platin	Pt13Rh-Pt	R	1600 °C
Platinrhodium-Platin	Pt30Rh-Pt6Rh	B	1700 °C
DIN 43710			
Eisen-Konstantan	Fe-CuNi	L	600 °C
Kupfer-Konstantan	Cu-CuNi	U	900 °C

Der Thermospannung-Temperaturverlauf ist **nicht linear**, so daß die dem Sensor nachgeschaltete Meßwertanpassung neben einer Verstärkung auch die Linearisierung enthalten muß. Die Normung stellt jedoch sicher, daß Thermoelemente mit gleichem Kennbuchstaben ohne Nachkalibrierung ausgetauscht werden können.

Widerstandsthermometer: Der elektrische Widerstand R hängt von der Temperatur ϑ ab. Der funktionale Zusammenhang kann näherungsweise durch ein Polynom ausgedrückt werden:

$$R(\vartheta) = R_0 \left(1 + a \cdot \vartheta + b \cdot \vartheta^2 + c \cdot \vartheta^3 + \ldots\right) \qquad (2.103)$$

a, b, c,.... sind Materialkonstanten. Je nach geforderter Genauigkeit, muß eine bestimmte Anzahl von Gliedern berücksichtigt werden.

Als industrieller Standard hat sich Platin als Widerstandsmaterial durchgesetzt; es werden aber auch (für geringere Anforderung) Nickelwiderstände und die noch zu besprechenden Heiß- und Kaltleiter eingesetzt.

Die Eigenschaften des **Platin-Widerstandssensors** sind in der Norm **DIN IEC 751** festgelegt, so daß auch hier Austauschbarkeit ohne Neukalibrierung gewährleistet ist. Für die gebräuchlichste Ausführung wurde der **Nennwiderstand** R_0 bei $\vartheta = 0$ °C mit 100 Ω und die Bezeichnung **Widerstandsthermometer Pt 100** festgelegt. Für größere Empfindlichkeit werden auch Pt 500 und Pt 1000 gefertigt.

Der Pt 100-Sensor ist für einen Temperaturbereich von **-200 °C bis 850 °C** geeignet. Für die in (2.103) definierten Temperaturkoeffizienten nennt die Norm folgende Werte:

Koeffizient a	Koeffizient b	Koeffizient c
$3,90802 \cdot 10^{-3}$ K^{-1}	$-5,802 \cdot 10^{-7}$ K^{-2}	$-4,2735 \cdot 10^{-12}$ K^{-3}

Bei der Kalibrierung nach (2.103) werden für den Bereich -200 °C bis 0 °C die drei Koeffizienten a, b und c, für den Bereich 0 °C bis 850 °C nur a und b Berücksichtigt. Die Empfindlichkeit der Platin-Sensoren ist ungefähr 0,4 Ω/K für Pt 100 - 2,0 Ω/K für Pt 500 - 4,0 Ω/K für Pt 1000.

In (2.103) ist die Abhängigkeit des Widerstandes R von der Temperatur ϑ definiert. Will man umgekehrt die Temperatur aus dem gemessenen Widerstand R berechnen (wie schon in Abschnitt 2.1.3 für Cu- und Al-Wicklungen durchgeführt), gilt nach DIN IEC 751 für $\vartheta > 0$ °C die folgende Formel:

$$\vartheta = \frac{-R_0 \cdot a + \sqrt{(R_0 \cdot a)^2 - 4R_0 \cdot b(R_0 - R)}}{2R_0 \cdot b} \qquad (2.104)$$

Sogenannte **Heißleiter** sind Widerstände aus **Halbleiter-Keramik** [13, S. 36] mit einem großen **negativen Temperaturkoeffizienten (TK)**, sie werden deshalb auch NTC-Widerstand genannt. Der Arbeitsbereich erstreckt sich von ca. - 60 °C bis + 330 °C mit 2%/K < TK < 5%/K.

In **DIN 44070** sind die weiteren Eigenschaften aufgeführt. Der NTC-Widerstand als Funktion der Temperatur ist gegeben durch

$$R = R_0 \cdot e^{B\left(\frac{1}{\vartheta} - \frac{1}{\vartheta_0}\right)} \qquad (2.105)$$

$R_0 = 100$ kΩ Nennwiderstand

Die Materialkonstante B liegt im Bereich 1500 K < B < 7000 K, $\vartheta_0 = 25$ °C ist die Bezugstemperatur. Bild 2.8 zeigt die Kennlinie mit den genannten Parametern. Zu den vielen Einsatzgebieten zählt die Verwendung als Strahlungsempfänger bei Pyrometern.

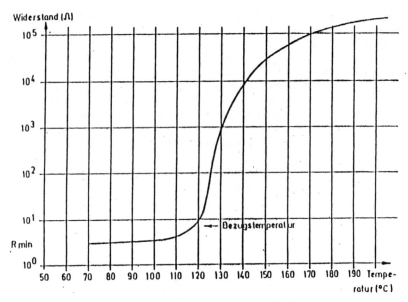

Bild 2.8: Widerstands-Temperatur-Kennlinie eines Kaltleiters

Kaltleiter haben in einem begrenzten Bereich, der jedoch technologisch bestimmt werden kann, einen **sehr großen positiven Temperaturkoeffizienten
(PTC-Widerstand).** Innerhalb von nur 20 K kann sich der Widerstand um drei
Zehnerpotenzen ändern. Die Eigenschaften sind in der Norm **DIN 4408** zu finden. Der „Kaltwiderstand" liegt bei einigen 100 Ω mit großen, fertigungsbeding-
ten Streuungen. Die „Ansprechtemperatur" (im Bereich von 40 °C bis 180 °C)
läßt sich mit einer Toleranz von ± 5 K festlegen.
Die Anwendungen nutzen die sprungartige Widerstandsänderung bei Erreichen
einer bestimmten Temperatur. Dazu gehören Grenztemperaturschalter für Mo-
torwicklungen, Steuerung der Anlaufs-Hilfsphase bei Wechselstrommotoren und
Thermostate.
Pyrometrie: Aus der relativen Intensität der von der Oberfläche eines Prüflings
abgegebenen Wärmestrahlung bei unterschiedlichen Wellenlängen (Farben)
kann auf die Oberflächentemperatur geschlossen werden [14, S. 61]. Basis ist
das Plancksche Strahlungsgesetz, das in Bild 2.9 grafisch skizziert ist (Kurvenparameter T gibt die absoluten Temperaturwerte an). Den prinzipiellen Aufbau
eines Pyrometers zeigt Bild 2.10.
Wird zur Temperaturmessung die Gesamtstrahlung S herangezogen, so liefert
das Stefan-Boltzmannsche-Gesetz den Zusammenhang mit der absoluten Temperatur T:

$$S = 5{,}67 \cdot 10^{-8} \cdot T^4 \quad \text{in W/m}^2 \qquad (2.107)$$

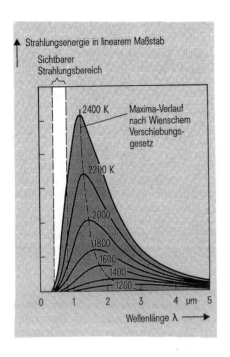

Bild 2.9: Spektrale Energiever-
teilung nach Planck aus: Siemens Components 27 (1989),
Heft 2

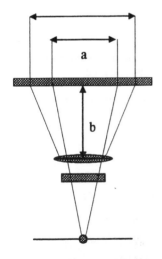

Anvisiertes Beobachtungsfeld

Meßfeld

Prüfling (strahlende Oberfläche)

Distanzverhältnis $\dfrac{a}{b}$

Eintrittspupille (Objektivlinse)

Schwächung/Filterung

Strahlungsempfänger

Bild 2.10: Aufbau eines Pyrometers

Gesamtstrahlungspyrometer werden nur noch bei relativ tiefen Temperaturen eingesetzt.

Beim **Teilstrahlungspyrometer** wird entweder nur ein Teilbereich zur Messung herangezogen oder der Strahlungsempfänger (Detektor) reagiert nur auf einen Teilbereich.

Den größten Einsatzbereich haben die **Farbpyrometer** (auch Verhältnispyrometer genannt), denen das Wiensche Verschiebungsgesetz zugrundeliegt:

$$T \cdot \lambda_{max} = 2,898 \cdot 10^{-3} \quad \text{in K·m} \quad (2.108)$$

Danach verschiebt sich die Wellenlänge λ_{max}, bei der die maximale Energie abgestrahlt wird, bei steigender Temperatur zu kleineren Werten (Bild 2.9). Es werden die Intensitäten zweier Wellenlängenbereiche auf der gleichen Seite des Maximums ins Verhältnis gesetzt. Nach (2.108) ist dieser Quotient ein Maß für die Temperatur, und zwar unabhängig vom Emissionsvermögen. Es werden Ausführungen angeboten, bei denen die Strahlungsquelle an Lichtwellenleiter angekoppelt ist, um die Oberflächentemperatur an schwer zugänglichen Stellen zu messen [24].

Als Strahlungsempfänger (Bild 2.10) dienen Thermoelemente, Heißleiter und (für schnelle Messungen im Millisekunden-Bereich) Fotowiderstände. Als "Standard" haben sich thermoelektrische Infrarotdetektoren eingeführt. Untersuchungen (siehe VDI Berichte 677, 1988, S. 453) an einem handelsüblichen Detektor ("Dexter Model 2M") wiesen die folgenden Daten auf:

Detektortemperatur   296,0 K
Thermische Zeitkonstante 0,08 s
Nachweisvermögen $0,53 \cdot 10^6$ m·Hz$^{1/2}$/W
Empfindlichkeit   14,2 V/W

Die Handhabung der Pyrometrie ist schwieriger als die der Kontaktthermometrie; Einsatzschwerpunkte beschränken sich deshalb meistens auf
- hohe Temperaturen (> 2000 °C)
- Messungen an bewegten Teilen (mit schnellen Strahlungsempfängern)
- schnelle Meßfolgen (z.B. Stückprüfung).

Literatur

[1] Fischer, S. 33
[4] Bitterlich, N. und Totzauer, R.: "Geräuschbewertung mittels Fuzzy-Klassifikation", MessComp Tagungsband, ISBN 3-924651-33-7
[5] SIEMENS "Technische Tabellen" von Siemens-Infoservice, Fürth
[6] Oliver, B.: "Electronic Measurement", McGraw-Hill-Verlag, S. 106
[7] Schlichting, S.: "QS in der Wickeltechnik", elektro AUTOMATION 47. Jg Nr. 10, S. 40
[8] Spiegel, M.: "Mathematical Handbook" (Schaum's Outline Series)
[9] Hölzer, E. und Holzwarth, H.: "Pulstechnik", Springer-Verlag, ISBN 3-387-06887-2
[10] Arbeitsblatt Elektronik 22/1981, S. 65

[11] Wehrmann, W.: "Einführung in die stochastische Impulstechnik", R. Oldenbourg, ISBN 3-486-39441-X

[12] Tacacs, L.: "Stochastische Prozesse", R. Oldenbourg-Verlag, München

[13] Heywang, W.: "Sensorik", Springer-Verlag, ISBN 3-540-16029-9

[14] Hederer, A. u.a.: "Dynamisches Messen" Lexika-Verlag, ISBN 3-88146-192-2

[15] Andreae, G.: "Zur Genauigkeit von Dehnungsmeßstreifen", Materialprüfung 12 (1970) Nr. 3

[16] Rohrbach, C.: "Handbuch für elektrisches Messen mechanischer Größen", VDI-Verlag, Düsseldorf

[17] Loos, H.: "Systemtechnik induktiver Weg- und Kraftaufnehmer", expert verlag, ISBN 3-8169-0541-2

[18] Hauptmann, P.: "Drehmomentsensor mit amorphen Metallfolien", VDI BERICHT, ISBN 3-18-090939-0

[19] Bulst, W.-E. und Ruppel, C.: "Akustische Oberflächenwellen", Siemens-ZS Spezial-FuE (1994)

[20] Baldauf, W.: "Oberflächen-Wellen-Resonatoren zur Drehmomentmessung", VDI-Berichte Sensoren, Band 939, S. 579

[21] Wetzel, K. und Kuczynski, L.: "Leistungsmessung mit Hall-Generatoren", Siemens Components 2/86, S. 59

[22] Meier, P.: "Vibrationen auf der Spur", Maschinenmarkt 97 (1991) 21, S. 54

[23] Weber, D. und Nau, M.: "Elektrische Temperaturmessung", Herausgegeben von Fa. Juchheim, Fulda

[24] Fritsch, G.: "Temperaturmessung mit Glasfasern", Physik unserer Zeit, 18. Jahrgang (1987) Nr. 2, S. 45

3 Aufbau und Möglichkeiten von klassischen Prüfständen

Erich König

3.1 Einleitung

Die Untersuchung der mechanischen und elektrischen Eigenschaften, der thermischen Reichlichkeit, der Überlastbarkeit und der technischen Daten, zu denen als wichtigste der Wirkungsgrad und der Leistungsfaktor zählen, an Elektromotoren stellt heutzutage hohe Ansprüche an die Bedienbarkeit und Flexibilität des Prüfsystems.

Durch die Sicherung der Produktqualität und der Untersuchung neuer konstruktiver Varianten ist ein modernes Prüfstandssystem ein nicht zu unterschätzendes Marketinginstrument.

3.2 Allgemeine Beschreibung des Prüfstands

Ein Prüfstand für den Einsatz im Labor oder Prüffeld soll einen großen Meßbereich überdecken und verschiedenartigen Aufgabenstellungen gerecht werden. Dazu kann ein drehzahlgeregelter 4-Quadrantenantrieb dem Prüfling die Drehzahl aufzwingen und eine Drehmomentmeßwelle das entsprechende Drehmoment messen.

Bild 3.1 zeigt einen typischen mechanischen Aufbau eines Universalprüfstandes für Elektromotoren.

Die Anpassung des Prüfstandes an unterschiedliche Prüflingsgrößen innerhalb eines Motorenprogrammes erfolgt durch Adaptiervorrichtungen und Drehmomentaufnehmer mit entsprechendem Meßbereich. Die Belastungseinrichtung wird dabei auf die größte zu prüfende Maschine ausgelegt. Mit der gleichen Belastungseinrichtung kann bei gleichbleibender Genauigkeit auch der kleinste in Frage kommende Prüfling gemessen werden, wenn der zu diesem passende Drehmomentaufnehmer vorgeschaltet wird. Die Belastungsmaschine ist hier eine Gleichstrommaschine, kann aber auch ein frequenzgeschalteter Drehstrommotor sein.

Dem Prüfling wird die gewünschte Drehzahl über die Belastungseinrichtung aufgezwungen, und zwar gleichgültig, ob motorischer oder generatorischer Betrieb verlangt ist.

Der Drehzahlbereich kann durch ein Zwischengetriebe in weiten Grenzen variiert werden. Das Getriebe kann die Drehzahl sowohl nach oben als auch nach unten anpassen. Mit dem gleichen Prüfstand ist es daher auch möglich, hochtourige Motoren bis 40.000 min^{-1} zu prüfen, aber auch Getriebemotoren mit weniger als 1 min^{-1} und entsprechend hohem Drehmoment.

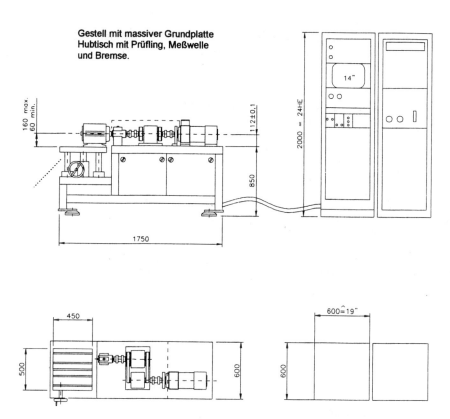

**Gestell mit massiver Grundplatte
Hubtisch mit Prüfling, Meßwelle
und Bremse.**

Bild 3.1: Aufbau eines klassischen Motorenprüfstands mit Gestell und Schalt-
schränken

Demzufolge kann auch ein Verbraucher (Aggregat, Pumpe, Ventilator) durch einen geregelten Antriebsmotor vom Stillstand (Losbrechmoment) bis zur Höchst-
drehzahl betrieben und das erforderliche Antriebsmoment ermittelt werden.
Die Vorgabe der Drehzahl als unabhängige Variable ermöglicht es, über einen
linearen Anstieg, die Drehmoment-Drehzahlkennlinie ohne Verformung durch
Massenbeschleunigung aufzuzeichnen (konstante Parallelverschiebung tritt auf).
Andererseits ist es ungewohnt, einen Lastpunkt in der Drehzahl vorzugeben, da
dieser bisher als ungenaue, abgeleitete Größe benutzt wird. Ein zusätzlicher
Regelkreis mit dem Drehmomentsignal als Regelgröße erlaubt jedoch auch eine
indirekte Drehmomentvorgabe. Bei modernen Antrieben mit eigenem Regler,
zum Beispiel Universalmotor mit Begrenzung der Leerlaufdrehzahl oder Syn-
chronverhalten (Schrittmotor, EC-Motor) ist jedoch die Kennlinie so steil, daß
sich die Regler gegenseitig stören.
Eine Anpassung des Prüfstandreglers schafft Abhilfe für quasistationäre Mes-

sungen. Für dynamische Messungen muß jedoch oft auf den 4-Quadranten-Regler verzichtet werden und die Belastung zum Beispiel mit Meßwelle und Schwungmasse erfolgen.

3.3 Aufbau und Einzelkomponenten von Elektromotorenprüfständen

Die Prüfstände bestehen aus modularen Komponenten, die es ermöglichen, zu jedem Zeitpunkt das System zu erweitern und an neue Anforderungen anzupassen. Die wichtigsten Komponenten sind:
· Belastungseinrichtung (Bremse)
· Drehmoment-/Drehzahlaufnehmer
· Meßmittel zur Erfassung elektrischer Größen
· Steuerrechner und Auswertesoftware

Die Verschiedenartigkeit der Prüflinge macht es je nach Aufgabenstellung erforderlich, unterschiedliche Belastungseinrichtungen zu wählen.

3.3.1 Belastungseinrichtungen

Wir unterscheiden zwei Arten von Belastungseinrichtungen: Passive und aktive Systeme.
Zu den passiven zählen:
Wirbelstrombremse, Hysteresebremse und Magnetpulverbremse.
Zu den aktiven:
Gleichstrom- und AC- Servo-Motor

Passive Bremsen werden bevorzugt bei Funktionsprüfständen, wo die Leistungs- und Drehzahlbereiche nicht so weit auseinanderliegen, eingesetzt. Der Einsatz beschränkt sich auf die Belastungsprüfung von elektrischen Maschinen.
Die **Wirbelstrombremse** arbeitet im unteren Drehzahlbereich nur sehr schwach, kann aber je nach Leistung für Drehzahlen bis zu 50.000 min^{-1} verwendet werden.
Die Bremse kann auch als Meßbremse gestaltet werden, indem ein Drehmomentaufnehmer vorgeschaltet oder aber das Reaktionsmoment am Bremsgehäuse mittels Kraftaufnehmer erfaßt wird. Wirbelstrombremsen lassen sich gut regeln, sowohl auf konstante Drehzahl als auch auf konstantes Moment.
Im Gegensatz zu den Wibelstrombremsen haben **Hysteresebremsen** ein konstantes Drehmoment über die Drehzahl, dabei darf die maximale Dauerschlupfleistung nicht überschritten werden. Je nach Drehmoment können Drehzahlen über 10.000 min^{-1} erreicht werden. Die Drehmomentnennwerte liegen bei 30 Nm. Die Hysteresebremse läßt sich als Meßbremse ebenso gut regeln und kombinieren wie die Wirbelstrombremse.
Magnetpulverbremsen eignen sich für hohe Momente und niedrige Drehzah-

len, sie sind ebenfalls gut regelbar. Diese Bremsen können auch mit vorgeschalteten Drehmomentaufnehmern kombiniert werden. Die Magnetpulverbremse arbeitet nicht verschleißfrei; außerdem ist das Restmoment (Grundmoment) wesentlich größer als dies bei der Wirbelstrombremse der Fall ist.

Aktive Bremsen werden bevorzugt im Labor- und Entwicklungsbereich eingesetzt. Sie sind nahezu ideal für Prüfstandsanwendungen, da mit ihnen ein großer Leistungsbereich bei den Prüflingen bei gleichbleibender Genauigkeit gemessen werden kann.

In Verbindung mit den entsprechenden Reglern (4-Quadranten-Regler) können mit diesen Systemen alle relevanten Messungen für elektrische Maschinen durchgeführt werden.

Z. B. können Belüftungsmessungen (Luftmengen- bzw. Luftwiderstandsmessungen), die Wirkungsgradbestimmung (Einzelverlustverfahren) oder die Ermittlung von Antriebsmomenten bei Verbrauchern (Pumpe, Ventilatoren) praktisch nur mit „aktiven Bremsen" durchführt werden. Ein weiterer Vorteil von solchen Systemen liegt darin, daß sie zunächst als reine Bremsen zur Belastung dienen und später mit Nachrüstung hinsichtlich Meßtechnik und Software den jeweiligen Notwendigkeiten angepasst werden können. Dieser wirtschaftliche Aspekt entfällt bei passiven Bremsen.

Der einfache, robuste, wartungsfreie und kostengünstige Asynchronmotor läßt sich heute wie ein Servoantrieb in der Drehzahl regeln.

Das Verfahren der feldorientierten Regelung (Vektorregelung) macht dies möglich. Die Eigenschaften solcher Motoren sind kleinere Bauvolumen (geringeres Trägheitsmoment), gute Rundlaufeigenschaften (sehr kleine Drehmomentwelligkeit), geringe Geräuschentwicklung (hohe Taktfrequenz bis 20 kHz) und durch den Wegfall der Bürsten (Kommutierung) nahezu Wartungsfreiheit. Allerdings sind diese Systeme in der Anschaffung etwas aufwendiger als die passiven Bremsen. Im Bremsbetrieb kann bei großen Leistungen die Energiebilanz durch Netzrückspeisung verbessert werden. Im unteren Bereich wird die Bremsenergie im Ballastwiderstand umgesetzt.

Nachfolgendes Bild 3.2 zeigt den qualitativen Verlauf der Drehmoment-/Drehzahlkurven der verschiedenen Belastungseinrichtungen.

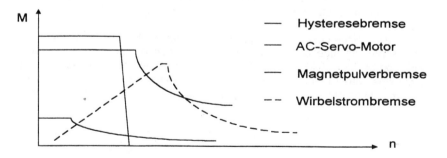

Bild 3.2: Drehmoment-/Drehzahl-Verlauf von Belastungseinrichtungen

3.3.2 Kupplungselemente

Die Anforderungen an das Kupplungssystem können je nach Drehmoment- und Drehzahlbereich, Aufgabenstellung und Bauart des Drehmomentaufnehmers sehr unterschiedlich sein. Das Kupplungssystem soll gewährleisten, daß die Meßwelle nur mit einem Drehmoment belastet wird, sonst aber von allen anderen axialen und radialen Kraftkomponenten frei bleibt (siehe hierzu auch Gleichung 2.8 auf Seite 7).

Sollen schnell veränderliche Drehmomente aufgenommen werden, so ist eine verlagerungsfähige aber drehsteife Verbindung über das Kupplungssystem erforderlich. Bewährt haben sich hier Ganzstahlkupplungen (Membran-, Stahllamellen- und Metallbalgelemente).

Interessieren vorwiegend Mittelwerte, z. B. bei Leistungsbestimmungen, Abnahme- und Eingangskontrollen usw., verwendet man im allgemeinen drehelastische Kupplungen auf Kunststoffbasis.

Bei kleinen Momenten und sehr hohen Drehzahlen haben sich neben Membrankupplungen auch Schlauchkupplungen bewährt.

Die Auslegung der Kupplungen muß nach den möglichen Spitzenmomenten erfolgen. Die heute am Markt angebotenen Kupplungssysteme bieten jedoch für alle Anwendungsfälle eine geeignete Lösung an.

3.3.3 Mittel zur Erfassung der Meßwerte

Die Erfassung der Meßgrößen (Kapitel 2.3, Seite 22) kann heute mit sehr unterschiedlichen Komponenten erfolgen. Angefangen von Standard-Multifunktionskarten zum Einstecken in einen PC über Bus-Systeme (IEEE,VME,VXI) bis zum Einsatz von einphasigen oder mehrphasigen Leistungsmeßgeräten.

Mit allen Systemen können je nach Ausstattung auch dynamische Vorgänge erfaßt werden. Bei den Einsteckkarten steht in den meisten Fällen auch eine komfortable Software für die Meßdatenakquisition, Auswertung und Analyse, zur Programmierung von Steuersequenzen und Regelabläufen, sowie für die Ergebnisdarstellung zur Verfügung. Diese Systeme können universell zur Meßdatenerfassung eingesetzt werden. Ein Beispiel eines integrierten Meß- und Regelsystems ist „MUSYCS" von imc.

Der Einsatz eines Leistungsmeßgerätes ist hingegen stark auf die Belange der Motorenprüfung zugeschnitten. Mit ihm kann in einem durchgängigen Frequenzgang von DC bis 400 kHz gearbeitet werden. Ferner zeichnen sich diese Geräte durch eine hohe Kurvenunabhängigkeit aus. Deshalb können sie auch zur Prüfung von Umrichtern und für die von ihnen gesteuerten Motoren verwendet werden.

3.3.4 Steuerrechner und Auswertesoftware

Als Zentraleinheit fungiert im allgemeinen ein Personalcomputer mit Industriestandard (IPC), der die automatische Steuerung des Prüfstandes und die Auswertung, sowie Archivierung der Meßergebnisse übernimmt. Als Peripheriegeräte werden Drucker, Plotter und weitere Rechner eingesetzt. Durch die besonderen Ansprüche an einen Motorenprüfstand (besonders beim Einsatz im Labor) ist der Rechner mit einer umfangreichen Software ausgestattet.
Zum Beispiel ist die Software „PEM" von Staiger-Mohilo menügeführt, modular strukturiert und kann um spezielle Meßalgorithmen aufgestockt werden. Sie unterliegt im Gesamtumfang keiner Beschränkung. Für die Drehstrom- und Gleichstrommotorenprüfung stehen eine Vielzahl von Prüfmodulen, basierend auf den Bestimmungen VDE 0530, zur Verfügung.
Die Software ermöglicht die
· Anwahl der Set-up Prozeduren
· Stammdatenverwaltung
· Auswahl der Prüfungsmöglichkeiten
· Auswahl der Meßwertanzeige und grafische Darstellung
· Archivierung der Meßdaten
· Aktivierung des Handbetriebes

Folgende Prüfmodule stehen zur Verfügung:
⇒ Widerstandsmessung
⇒ Leerlaufmessung
⇒ Kurzschlußmessung
⇒ Erwärmungslauf
⇒ Zyklische Belastung (Lastsimulation)
⇒ Reibungsverluste
⇒ Drehmoment-/Drehzahlkennlinie
⇒ Referenzkurvenauswertung
⇒ Kennliniendarstellung
⇒ Brems- und Hochlaufzeiten
⇒ Schleuderprobe

Ein Stammdatensatz wird prüflingsspezifisch dem jeweiligen Prüfmodul zugeordnet. Er enthält allgemeine Daten des Prüflings, die kompletten Parameter der Prüfvorschrift, die Meßbereiche der Meßgrößen und regelungstechnische Parameter, nach welchen der Prüfling belastet werden soll.

3.3.5 EG- Richtlinie Maschinen

Die **Betriebssicherheit,** d.h. der Schutz der Anlage und des Bedienpersonals gegen zufälliges Anlaufen oder Fehlschaltungen, erfordert eine vom Rechner unabhängige in Hardware ausgeführte Absicherung mit gegenseitiger Verriegelung einander gefährdender Schaltfunktionen und einem vorgeschriebenen Not-

Aus-Kreis mit Überwachung der Schutz- bzw. Bersthauben. Jedem Prüfstand muß deshalb eine Herstellererklärung beigefügt werden, um zusammen mit der technischen Dokumentation die Konformität des Prüfstandes zu bescheinigen. Mit der fortschreitenden Einigung in der EWG und wegen der oben beschriebenen neuen Normen, müssen die Meßmittel des Prüfstands eine **Ausgangskalibrierung,** periodische Neukalibrierung und den Nachweis der Kalibrierung aufweisen, der die Rückverfolgbarkeit auf eine Bezugsnormale sicherstellt.

Zusammenfassung der typischen Leistungsmerkmale:
- einfache Bedienung auf Basis mehrsprachiger Anleitungen und menügeführter Software
- automatisierte Prüfabläufe
- große Meßgenauigkeit
- einfache mechanische Adaption der Prüflinge
- modularer, leicht anpaßbarer Prüfstandsaufbau
- optimierte Prüfzeiten
- Aufbereitung und grafische Auswertung von Messdaten
- einfache Möglichkeit der Kontrolle der Meßwerte und rückführbare Kalibration der Meßgeräte
- weitgehend wartungsfreie Systeme mit der Möglichkeit der Ferndiagnose

Bild 3.3 zeigt das Blockschaltbild für einen Elektromotorenprüfstand.

3.4   Drehmomentmeßwellen

3.4.1   Einleitung

Der Einsatz von Drehmomentmeßwellen erfolgt mit verschiedenen Zielen und dadurch auch auf verschiedene Art und Weise. Bei stationärem Motorbetrieb oder langsamen Änderungen ist das Drehmoment am Stator des Motors, in der Welle und am Stator der Bremse gleich. Bei raschen Veränderungen ergeben sich Unterschiede durch die Trägheit der Massen und die Elastizität der Verbindungselemente.
Wenn schnelle dynamische Vorgänge erfaßt und bewertet werden sollen oder der zeitliche Verlauf eines Drehmomentes analysiert werden soll, ist eine rotierende Drehmomentmeßwelle erforderlich.
Ein Drehmoment geht immer durch eine Welle und wird von der Wechselwirkung der beiden Wellenenden bestimmt. Das Antriebssystem besteht generell aus einem Antrieb (Motor) und aus einer Belastung (Bremse). Beide sind für die Entstehung des Drehmomentes erforderlich und so sind auch immer beide Seiten für den Verlauf des Drehmomentes verantwortlich.
Das Drehmoment ist ein Sonderfall einer Kräftekombination und so sind prinzipiell alle Meßmethoden für Kräfte auf Drehmomentmessungen übertragbar, je-

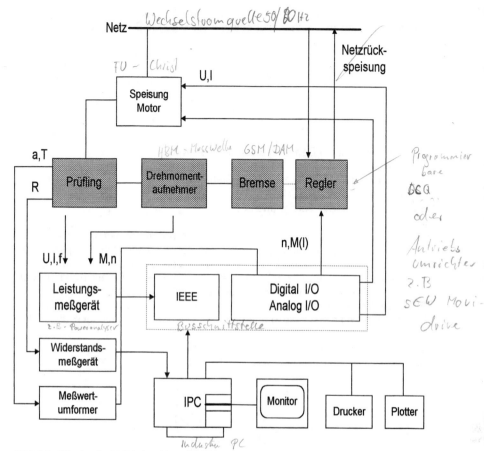

Bild 3.3: Blockschaltbild des klassischen Motorenprüfstands

doch muß das Meßsignal von der rotierenden Welle zum Meßaufbau übertragen werden.

3.4.2 Meßmethode Dehnungsmeßstreifen

Der Einsatz von Dehnungsmeßstreifen ist weit verbreitet, und es lassen sich bei geeigneten Umweltbedingungen (siehe auch Kapitel 2) höchste Genauigkeiten (≤ 1 Promille) erzielen.
Im folgenden soll die Messung von mechanischen Dehnungen an der Wellenoberfläche kurz erläutert werden.

Für die Dehnung an der Wellenoberfläche gilt folgende Beziehung:

$$\varepsilon = \frac{\Delta l}{l}$$

$$= \frac{8 \cdot M}{\pi \cdot S \cdot d^3} \cdot sin(2\alpha)$$

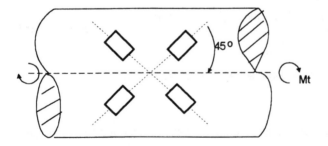

Unter $\alpha = 45°$ hat die Dehnung ε den größten Wert
M = Drehmoment
S = Schubmodul $\approx$ 80.000 N/mm² bei Stahl
l = Länge der Torsionsstrecke
d = Durchmesser der Torsionswelle

Die Dehnungsmeßstreifen werden für die Drehmomentmessung als Folien-widerstände mit dem optimalen Winkel von 45° zur Längsachse appliziert. Da die Änderungen nur einige Promille bei Nennwert betragen, setzt man Dehn-meßstreifen in Vollbrückenschaltung ein. Sie stellt eine Differenzbildung dar, wodurch sich der Grundwiderstand der Dehnmeßstreifen eliminiert. Ein weiterer Effekt der Vollbrückenschaltung ist die weitgehende Kompensation von Störein-flüssen, wie beispielsweise Biegemomente, Temperaturdehnungen und Axial-kräfte.
Das Bild 3.4 zeigt die übliche Anordnung einer aufgeklebten DMS-Vollbrücke.
Bild 3.5 stellt einen realen Halbbrückenzweig zur Drehmomentmessung dar.

Bild 3.4:
Meßwelle
mit DMS-
Vollbrücke

3.4.3 Drehmomentmeßwellen für Prüfstandsanwendungen

Wie in Bild 3.6 zu erkennen ist, befindet sich in einem Stahlgehäuse eine gela-gerte Welle. An der verjüngten Stelle, der Torsionsstrecke, sind Dehnungsmeß-streifen in Vollbrückenschaltung aufgeklbt. Die Vollbrücke setzt ein zwischen beiden Wellenenden anliegendes Drehmoment in ein proportionales elektrisches Signal um. Auf der Antriebsseite der Welle sind zwei transformatorische Über-

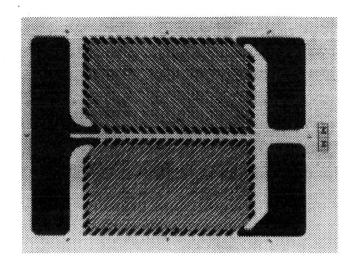

Bild 3.5:
Halb-
brücken-
Folien-
DMS

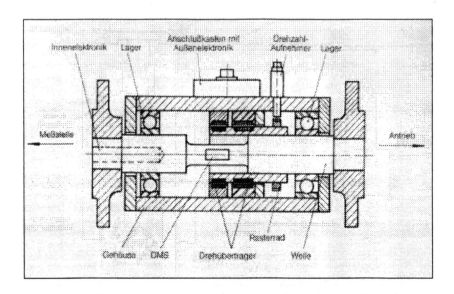

Bild 3.6: Aufbau Drehmomentmeßwelle (Staiger Mohilo, 73614 Schorndorf)

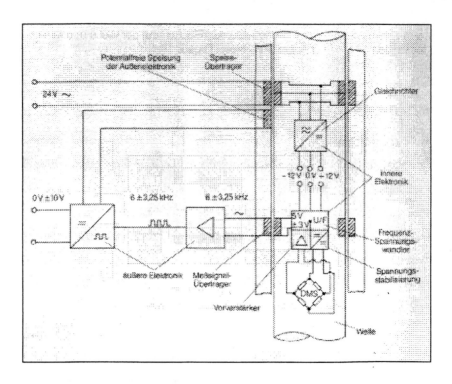

Bild 3.7: Blockschaltbild des Drehmoment-Meßsystems (Staiger Mohilo)

tragungsspulen angeordnet (FM-Übertragung, siehe Bild 3.7). Die größere Spule dient zur Speisung der Elektronik in der rotierenden Welle, die kleinere überträgt das Meßsignal von der Welle auf das Gehäuse. Die Auswerteelektronik ist im Anschlußkasten des Stators untergebracht. Alle Staiger-Mohilo-Aufnehmer sind in der Standardversion mit einem Drehzahlaufnehmer ausgerüstet. Er besteht aus einem Rasterrad mit 60 Hell-/Dunkel-Flächen auf der Welle und einem optischen Sensor zur Abtastung dieses Rades.

Bild 3.7 zeigt den elektrischen Aufbau des Meßsystems. Die Speisung erfolgt mit 24 V/ 50Hz- Wechselpannung. In der rotierenden Elektronik wird diese Wechselspannung gleichgerichtet und stabilsiert. Das Meßsignal des DMS-Brücke wird zuerst vorverstärkt und über einen Spannungs-Frequenzwandler in eine frequenzproportionale Wechsspannung umgeformt. Ein Drehübertrager transformiert das Wecheslspannungssignal zum Stator. Die sogenannte äußere Elektronik formt das Wechselspannungssignal in ein analoges Gleichspannungssignal um. Für die potentialfreie Speisung der äußeren Elektronik ist in den Speiseübertrager eine weitere Wicklung eingearbeitet.

⇒ Meßgenauigkeit: 0.1% v. E.
⇒ Meßbereiche: 5 Nm bis 50.000 Nm
⇒ integrierter Drehmomentmeßverstärker: 0 ... 10 V DC
⇒ integrierter Drehzahlaufnehmer
⇒ Bauform mit tauschbarem Meßelement
⇒ Anschluß mit Wellenenden
⇒ Anschluß mittels Flanschen
⇒ Lagerlose Ausführung (Flanschanschluß)

Bild 3.8 zeigt den mechanischen Aufbau einer Drehmomentmeßwelle mit Aluminiumgehäuse. Für kleinere Meßbereiche (< 1 Nm) ist ein mechanischer Überlastschutz integriert, der nach dem Momentnebenschlußprinzip arbeitet. Mit entsprechenden Lagern werden die beiden Drehzahlbereiche bis 20.000 min⁻¹ und 50.000 min⁻¹ realisiert.

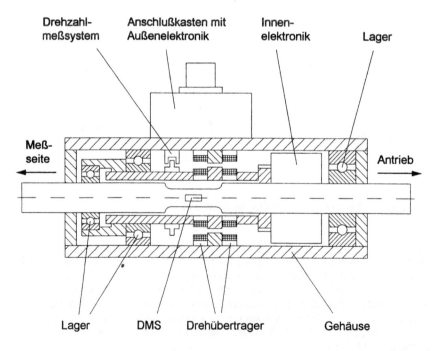

Bild 3.8: Drehmomentmeßwelle mit digitaler Meßwertübertragung

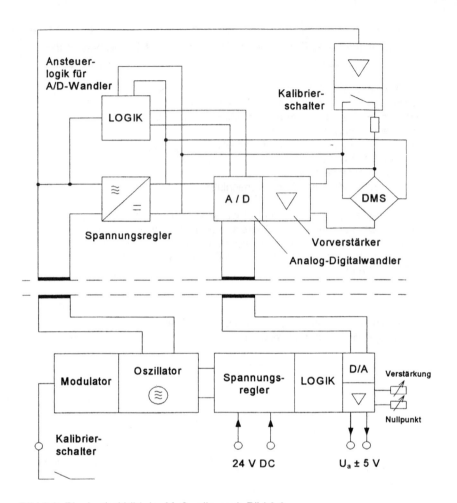

Bild 3.9: Blockschaltbild der Meßwelle nach Bild 3.8

Wie aus Bild 3.9 hervorgeht, wird bei dieser Meßwelle das analoge DMS-Brück-signal nach Verstärkung noch im rotierenden Teil digitalisiert und dann seriell mittels Drehübertrager der Statorelektronik zugeführt. Der Vorteil liegt in erster Linie in der störsicheren Übertragung der Meßwerte. Nach D/A-Wandlung steht ein normiertes ± 5V-Signal für den Meßbereich-Nennwert zur Verfügung. Über einen externen Kalibrierschalter kann eine sogenannte Shuntkalibrierung vorge-nommen werden, welche die Brücke so verstimmt, daß am Ausgang das Nenn-signal ansteht.

⇒ Meßgenauigkeit : 0.2% v. Mw., ab 20% vom Nennwert
⇒ Meßbereiche: 0.2 Nm bis 5.000 Nm, Überlastschutz
⇒ integrierter Drehmomentmeßverstärker: 0 ... ±5 V DC
⇒ Meßsignalfrequenzen bis 1000 Hz
⇒ Drehmomentkalibriersignal
⇒ integrierter Drehzahlaufnehmer, TTL Pulsausgang
⇒ Drehzahlen bis 50.000 min⁻¹
⇒ Bauform mit Wellenenden

3.5 Kalibrieren und EN 29000

3.5.1 Prüfmittelüberwachung und Rückführbarkeit

Nach EN 29001 (bekannt unter DIN ISO 9000) ist der Nachweis zu führen, daß die Prüf- und Meßmittel überwacht werden und kalibriert sind (siehe auch Kapitel 2.2). Die Geräte müssen in einer Weise benutzt werden, die sicherstellt, daß die Meßunsicherheit bekannt und mit den betreffenden Anforderungen an die Meßaufgabe vereinbar ist.
In der DIN 51309 Ausgabe 4/95 „statische Kalibrierung von Drehmomentmeß- geräten" ist die Vorgehensweise für die Kalibrierung von Drehmomentmeßgeräten geregelt. Auch eine Drehmoment-Kalibrier-Einrichtung stellt in diesem Sinne ein Drehmomentmeßgerät dar. Auf der Grundlage dieser DIN- Vorschrift werden die Kalibriereinrichtungen rückführbar auf nationale Normale mit Transfernormalen der PTB- Braunschweig kalibriert (Bild 3.10).

Die Bezugswerte dieser Transfernormale beruhen auf vorangegangenen Messungen in von der PTB akkreditierten Kalibrierlaboratorien.

Der Physikalisch-Technischen-Bundesanstalt (PTB) in Braunschweig obliegt die **Darstellung** der Einheiten in Form von Normalen, die **Bewahrung** durch Reproduzierung und die **Weitergabe** an Eichämter oder an den Deutschen Kalibrierdienst (DKD) [25]. Das SI-Einheitssystem umfaßt die sieben **Basiseinheiten** Sekunde (s), Meter (m), Kilogramm (kg), Ampere (A), Kelvin (K), Mol (mol) und Candela (cd) sowie 21 **abgeleitete Einheiten**, mit denen sich zum Beispiel auch die Einheit für das Drehmoment (Nm) aufbauen läßt. Die bei den Eichämtern und beim DKD vorhandenen Normale müssen in von der PTB vorgegebenen Intervallen mit den Primär-Normalen der PTB verglichen werden. Der DKD kann im nächsten Schritt Industrielaboratorien befugen (akkreditieren) offizielle **Kalibrier-Zertifikate** auszustellen (Bild 3.10). Wie schon in Kapitel 1.2 ausgeführt wurde, stellt das Kalibrier-Zertifikat ein Gütezeichen dar, auf das in der Qualitätssicherung nicht mehr verzichtet werden kann und das zur Vermeidung

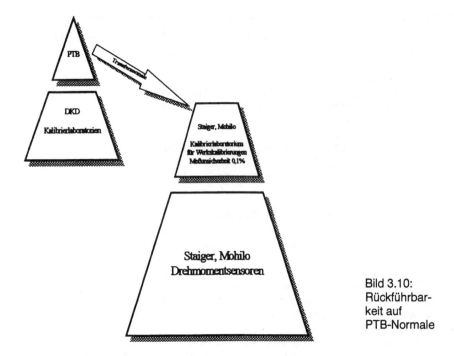

Bild 3.10:
Rückführbar-
keit auf
PTB-Normale

einer Produkthaftung erforderlich ist. Es bestätigt, daß die eingesetzten Meß-
und Prüfgeräte durch eine ununterbrochene **Kalibrierkette** auf die Primärnor-
malen der PTB zurückgeführt werden können.

3.5.2 Eichen, Kalibrieren und Justieren

Was versteht man man nun unter den Begriffen **Eichen, Kalibrieren und Justieren?** Der Begriff „Eichen" ist in Deutschland auf das gesetzliche Meßwesen
beschränkt. Es bezeichnet Prüfungen nach dem Eichgesetz. Am bekanntesten
sind hier geeichte Gewichte. Mit der Eichung werden immer vorgeschriebene
Fehlergrenzen bestätigt. In der Industrie wird für die gleicheTätigkeit der Begriff
„Kalibrieren" verwendet. Bei Drehmomentmeßgeräten kann ebenfalls eine Klassifizierung des Gerätes nach der DIN 51309 vorgenommen werden, sodaß sich
der Kalibriervorgang vom Eichvorgang nur durch die ausführende Stelle unterscheidet. Unter dem Justieren versteht man den Vorgang, daß bei einem Meß-
geät die bei der Herstellung entstandenen systematischen Abweichungen minimiert werden. Dabei dient ein rückführbar kalibriertes Vergleichsnormal als Bezugsgröße.
Siehe hierzu auch Bild 3.11.

70

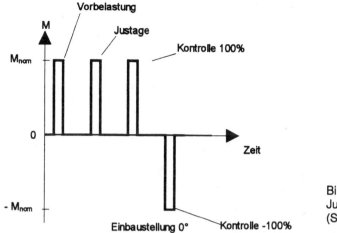

Bild 3.11:
Justiervorgang
(Staiger-Mohilo)

Die EN 29001 schreibt zwar die rückführbare Kalibrierung von Meßmitteln vor, läßt aber offen, wo und in welcher Weise die Meßgeräte überwacht werden. In sehr vielen Fällen reicht eine Werkskalibrierung nach DIN bzw. ein einfacheres Werkskalibrierzertifikat nach den Richtlinien des Herstellers vollkommen aus (z.B. Betriebsmessmittel). Die Vorgehensweise bei einer Werkskalibrierung nach DIN ist dabei die gleiche wie bei einer DKD- Kalibrierung.

Bei Drehmomentsensoren gibt es also **justierte Sensoren** und solche mit **Kalibrierzertifikat**. Bei einem Kalibrierzertifikat ist noch zu unterscheiden zwischen DKD- Kalibrierscheinen und Werkskalibrierscheinen. Für DKD- Kalibrierungen muß das Kalibrierlabor von der PTB akkreditiert sein. Der DKD- Kalibrierschein dokumentiert eine Kalibrierung auf der Grundlage des zwischen der PTB und dem Kalibrierlabor geschlossenen Vertrages, hierbei wird das Kalibrierlabor von

Bild 3.12: Justieren, Kalibrieren (Staiger-Mohilo)

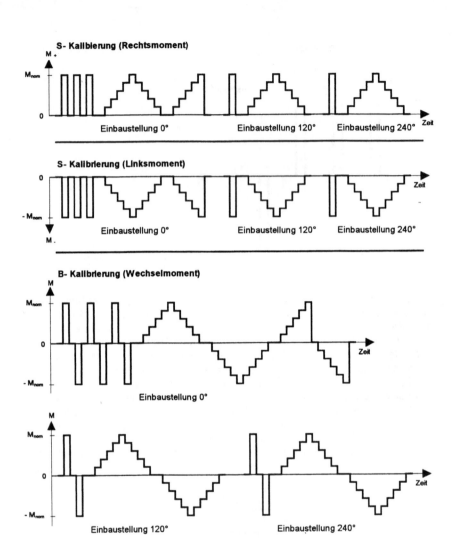

Bild 3.13: Kalibriervorgang nach DIN 51309.
S- Kalibrierung = Kalibrierung mit einer definierten Momentrichtung (kleinere Mßunsicherheit des Sensors)
B- Kalibrierung = Kalibrierung mit beiden Momentrichtungen

der PTB begutachtet. Bei einem Werkskalibrierschein muß das Kalibrierlabor den Nachweis der Rückführbarkeit der Meßgröße auf ein nationales Normal auf eine andere Art erbringen, zum Beispiel mit einer **Transfernormalen der PTB**, wie in Bild 3.12 dargestellt.

Bei Werkskalibrierungen sind ebenfalls unterschiedliche Abläufe möglich. Einmal kann die Kalibrierung entsprechend der DIN 51309 ausgeführt werden, bei der aber sehr viele Meßwerte aufgenommen werden müssen. Man bevorzugt deshalb eine kostengünstigere Werkskalibrierung nach Herstellerrichtlinien mit weniger Meßpunkten. Durch den Umstand, daß weniger Meßpunkte aufgenommen werden, muß eine etwas größere Meßunsicherheit in Kauf genommen werden.

Da der Kalibriervorgang nach DIN 51309 sehr aufwendig ist, wie in Bild 3.13 dargestellt, wird diese Leistung in der Regel separat angeboten; die Kosten übersteigen oftmals die Aufwendungen für ein neues Meßgerät.

Zum Nachweis der rückführbaren Kalibrierung des Sensors reicht für die meisten Messungen sowohl in der Produktion als auch im Labor ein preisgünstigeres Werkskalibrierzertifikat nach Herstellerrichtlinie aus, das weniger Meßpunkte und nur eine Einbaulage vorsieht (Bild 3.14). Die etwas größere Meßunsicherheit entspricht in den meisten Anwendungsfällen den Gesamtanforderungen.

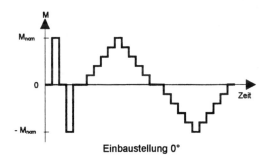

Einbaustellung 0°

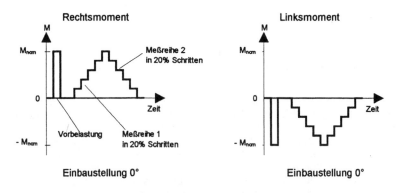

Bild 3.14: Werkskalibrierung nach Herstellerrichtlinie
Oben: für Wechselmoment; unten: für Rechts- bzw. Linksmoment

4. Grundlagen der Parameterschätzverfahren (PI-Verfahren)

Klaus Metzger

4.1 Einleitung

Elektromotoren müssen einer 100%-Kontrolle am Ende des Fertigungsvorganges unterzogen werden. Diese Forderung ist für diese Wirtschaftsgüter, deren Warenwert oft nur wenige DM ausmacht, nicht sofort einsichtig. Es ist jedoch zu bedenken, daß im Falle eines schadhaften Motors die Kosten für den Austausch beim Endanwender die Kosten des Motors um ein Vielfaches übersteigen können. Stellt man sich beispielsweise vor, daß ein DC-Motor im Kraftfahrzeug für Fensterheber oder zur Sitzverstellung ausfällt, so sind die Kostenrelationen für den Ein- und Ausbau im Verhältnis zu den Motorkosten leicht abschätzbar. Zusätzlich ist zu bedenken, daß der Imageverlust eines Motorproduzenten bei fehlerhaften Exemplaren schon bei geringen Anlässen recht beachtliche Folgen haben kann. Bei einer Kontrolle jedes einzelnen Motorexemplars kommt es entscheidend darauf an, daß Fehler mit hoher Sicherheit entdeckt werden.

Es werden Motorprüfstände vorgestellt, die diese hohe Fehlererkennungssichehreit aufweisen. Sie zeichnen sich einerseits durch eine extrem kurze Prüfzeit, Diagnosefähigkeit beim Erkennen von Fertigungsfehlern und durch einen äußerst kostengünstigen Aufbau aus, da Belastungseinrichtungen, Drehzahl- oder Drehmomentmeßeinrichtungen nicht erforderlich sind. Integraler Bestandteil dieser Diagnoseeinrichtung ist eine Geräuschanalyse, die die umfassende Aussage über die Prüflingsqualität abrundet.

4.2 Stand der Technik beim Motortest

Die derzeit noch häufig eingesetzten Prüfstände für eine automatisierte industrielle Prüfung von Elektromotoren bestehen, wie in Kapitel 3 beschrieben, aus einer Prüfmechanik zur Aufnahme des Prüflings, einer Belastungseinrichtung und einer Drehmomentenmeßeinrichtung, mit der der Prüfling gekuppelt werden muß. Zusätzlich sind Meßmittel für die interessierenden Motorkenngrößen (Strom, Temperatur usw.) vorhanden. Gemessen werden einige vorgegebene Punkte, die für den praktischen Einsatz des Motors wichtig sind. Bei einigen Motoren werden eine Reihe von Lastpunkten angefahren und daraus die Motorkennlinien errechnet. Problematisch bei dieser Vorgehensweise ist vor allem die lange Meßdauer, die sich bis in den Minutenbereich erstrecken kann.

Bei solch langen Meßzeiten kann die Motorerwärmung während der Prüfung nicht mehr vernachlässigt werden, so daß die ermittelten Kennlinien keinem thermisch stabilen Zustand zugeordnet werden können. Kenngrößen wie Strom oder Leistung sind meist toleriert und werden auf Grenzwerte hin überprüft. Bei Nichteinhaltung von vorgegebenen Schranken wird der Prüfling als fehlerhaft erkannt, ohne daß jedoch die genaue Fehlerart und der Fehlerort sofort aus den Meßergebnissen hervorgehen.

Der hohe Aufwand universeller Prüfstände für die Meßwerterfassung und -analyse ist, wie in Kapitel 2 ausführlicher beschrieben, nur gerechtfertigt, wenn Dauertests im Prüffeld oder Labor für die Brauchbarkeit eines Motors in einem bestimmten Antriebssystem erforderlich sind oder eine Parameteroptimierung bei der Neuentwicklung von Motoren Messungen unter verschiedensten Gesichtspunkten (z. B. Sicherstellung einer hohen Dynamik und Überlastbarkeit) notwendig machen.

Das Anwendungsfeld wird aber immer stärker auf diesen Bereich zurückgedrängt. Im Bereich der Endprüfung von Motoren werden die universellen und deshalb aufwendigen Prüfstände zunehmend durch die flexiblen und kostengünstigen modellgestützten Verfahren ersetzt.

4.3   Vom Motortest zur Motordiagnose

Schon vor mehr als 15 Jahren haben sich Wissenschaftler an deutschen Universitäten Gedanken darüber gemacht, wie aus den leicht meßbaren Größen Motorstrom- und Motorspannung mehr Information zu erhalten ist als durch verschiedene Formen der Mittelwertbildung, wie sie beispielsweise bei der Ermittlung des Effektivwertes einer Meßgröße erfolgt. Die Lösung dieses Problems wurde in der Einbeziehung des Wissens über den Prüfling Elektromotor gefunden. Dieses Wissen wird in Form eines mathematischen Modells bei der Messung mitverwendet.

Mit den ermittelten Motorparametern, wie beispielsweise Motorwiderstand, Motorinduktivität, Reibkonstanten usw., kann nicht nur ermittelt werden, ob diese Parameter bestimmte Grenzwerte einhalten. Im Falle daß die Parameter vorgegebene Abweichungen überschreiten, wird erkannt, ob es sich um einen mechanischen- oder um einen elektrischen Fehler handelt, d.h. es kann die Fehlerart angegeben werden. Zusätzlich ist die Angabe des Fehlerorts möglich, da aus dem durch die Parameter gegebenen Fehlerbild auf den Fehlerort und sogar auf die Fehlerursache geschlossen werden kann. Dadurch wird dieses Prüfsystem zu einer Diagnoseeinrichtung, das mit dem Wissen über den Normalzustand und dem Vergleich mit dem Istzustand des Prüflings eine Diagnose über Fehler mit der Angabe von Fehlerart, -ort und -ursache ermöglicht.

Moderne Prüfsysteme gehen heute noch einen Schritt weiter und versuchen die bei einem Motor auftretenden Geräusche bei der Diagnose zu berücksichtigen und somit ein komplettes Bild über den Zustand des Prüflings zu gewinnen.

4.4 Modellgestützte Meßtechnik

Der neue Weg bei der Beurteilung von Motoren geht davon aus, daß Wissen über die Struktur des Motors vorhanden ist. Diese Kenntnisse lassen sich in Form von Differentialgleichungen für den mechanischen Teil und für den elektrischen Teil des Systems Motor hinterlegen. Um eine möglichst gute Nachbildung der physikalischen Effekte zu erreichen, werden bei der Modellbildung auch beliebige nichtlineare Zusammenhänge berücksichtigt. Es besteht nicht das aus der Mathematik bekannte Problem, die Lösung der Differentialgleichung analytisch zu ermitteln. Geht man beispielsweise davon aus, daß die Motorspannung die Eingangsgröße darstellt, und betrachtet man den Motorstrom als Ausgangsgröße, so kann man diesen Strom, der die Lösung der Differentialgleichung darstellt, direkt messen. Unbekannt sind die Koeffizienten (Parameter) wie beispielsweise der Motorwiderstand, Reibkonstanten usw., die die Meßgrößen zu einer Gleichung verknüpfen. Die Aufgabe besteht darin, den Satz von Parametern zu finden, der die Meßgrößen im Sinne eines vorgegebenen Modells bestmöglich erklärt. Dies bedeutet, daß eine Modellparameteranpassung auf Grund der Differenz der Ausgangsgrößen von Modell und Prüfobjekt vorgenommen wird. Bild 4.1 verdeutlicht diesen Zusammenhang.

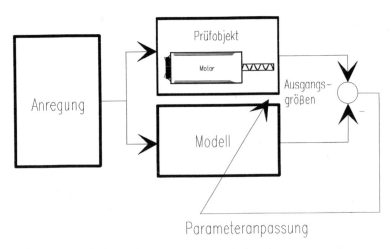

Bild 4.1: Prüfobjekt und Modell werden von derselben Größe angeregt. Die Modellparameter werden so lange verstellt, bis die Ausgangsgrößen minimale Abweichung aufweisen

76

Meist genügt es bei modernen Prüfsystemen nicht, lediglich eine Bestimmung der Parameter durchzuführen. Geräuschanalyse, Datenblattgenerator oder Statistikprogramme wie auch die Einbindung des Testsystems in ein übergeordnetes Qualitätssystem sind heute erfüllbare Forderungen aus der Praxis. Im nächsten Bild ist das Zusammenwirken dieser Komponenten für einen Einzelprüfplatz dargestellt.

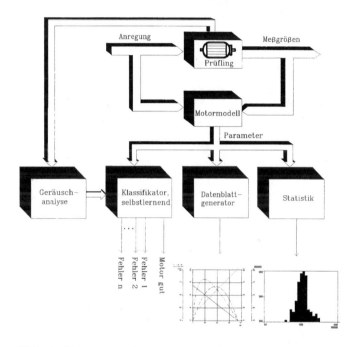

Bild 4.2: Zusammenwirken von modellgestütztem Prüfsystem und Geräuschanalyse

Am Beispiel eines DC-Motors soll die Modellbildung näher erläutert werden.

4.5 Modellbildung bei DC-Motoren

Ein solches System ist hinreichend genau bekannt und kann durch zwei gekoppelte Differentialgleichungen in sehr guter Näherung dargestellt werden. Die Gleichungen für den elektrischen und für den mechanischen Teil lauten:

77

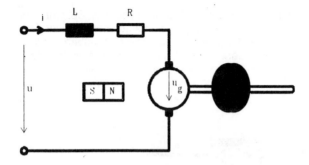

Benennungen:
L   = Ankerinduktivität
R   = ohm'scher Widerstand
K_g = Generatorkonstante
Θ = Trägheitsmoment
ω = Drehzahl
M_{ab} = Abtriebsmoment
M_r = Haftreibmoment
K_r = Dämpfungskonstante

Bild 4.3: Modell eines Gleichstrommotors

Elektrischer Teil   **Mechanischer Teil**

$$u = L\frac{di}{dt} + Ri + u_g \qquad\qquad \Theta\frac{d\omega}{dt} = K_g i - M_{ab}$$

$$\text{(1)} \qquad\qquad\qquad\qquad\qquad\qquad\qquad \text{(2)}$$

$$u_g = K_g\omega \qquad\qquad\qquad\qquad M_{ab} = M_r + K_r\omega$$

Für den Fall, daß ein stromabhängiger Widerstand zu erwarten ist, kann ein Ansatz R = R(i) mit dem vermuteten Zusammenhang angesetzt werden. Ist beispielsweise ein Lüfter vorhanden, so kann das dadurch verursachte Moment durch einen Ausdruck berücksichtigt werden, der quadratisch mit der Drehzahl anwächst.
Wichtig für den Einsatz des Verfahrens in der Praxis ist, daß beliebige nichtlineare Funktionen zur Modellbildung angesetzt werden können, da sonst eine hinreichend genaue Abbildung des realen Systems meist nicht möglich ist.
Ist ein Modell aufgestellt, so gibt es verschiedene Wege, wie aus den Differentialgleichungen die gewünschten beschreibenden Parameter ermittelt werden können. Hier sollen zwei kurz skizziert werden.

a) Überführung der Differentialgleichung in eine Differenzengleichung und Ermittlung der Parameter der Differenzengleichung. Ein Nachteil dieses Verfahrens besteht darin, daß die Parameter der Differenzengleichung ihre direkte physikalische Bedeutung verlieren und meist über komplizierte nichtlineare Gleichungsysteme unter Verlust der Genauigkeit wieder errechnet werden müssen. Dieses Verfahren soll wegen der genannten Nachteile nicht weiter betrachtet werden.

b) Ermittlung der direkten physikalischen Parameter durch eine Methode mit spezieller Signalvorverarbeitung. Mit diesem Verfahren bleibt die physikalische Bedeutung der Paramater erhalten. Störfrequenzen (z.B. durch Kommutator) lassen sich gezielt unterdrücken. Die Reproduzierbarkeit der Parameter ist bei diesem Verfahren wesentlich höher als bei a).

Die Anpassung der Modellparameter geschieht bei beiden Varianten im Sinne der kleinsten Fehlerquadrate nach Gauß. Während der Meßzeit muß der Prüfling hinreichend angeregt werden. Durch seine Massenträgheit stellt das Testobjekt bei Beschleunigungsvorgängen eine dynamische Last dar, so daß sämtliche im normalen Betrieb vorkommende Betriebspunkte dynamisch durchfahren werden.

4.6 Ermittlung der Motorparameter

Sollen die Parameter der Gleichungen für den elektrischen und mechanischen Teil direkt ermittelt werden, so müssen neben den meßbaren Klemmengrößen Strom und Spannung auch die Drehzahl und die Ableitungen von Drehzahl und Strom bekannt sein. Da die Erzeugung von Ableitungen wegen der dabei auftretenden Verstärkung der Meßstörungen nicht sinnvoll ist, wird im folgenden ein Weg beschrieben, der die Umgehung der Beschaffung von Ableitungen zum Ziel hat.

4.7 Signalvorverarbeitung durch Filterung

Am Beispiel eines einfachen Systems 1. Ordnung soll das Umgehen der Beschaffung der Ableitung gezeigt werden. Gegeben sei das System

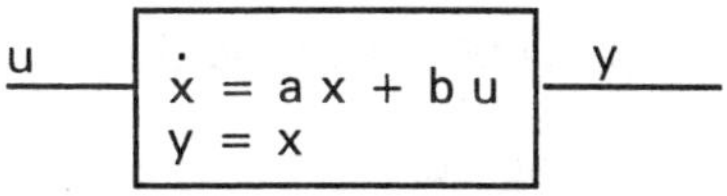

$$\dot{x} = a\,x + b\,u$$
$$y = x$$

Bild 4.4: System erster Ordnung mit der Eingangsgröße u und der Ausgangsgröße y

79

Dabei bedeutet $\frac{d}{dt}$ x(t) = $\dot{x}$. Die Parameter a und b repräsentieren das System.

Ist das System beispielsweise ein einfaches RC-Tiefpaßfilter, so sind die Größen R und C mit den Parametern verknüpft. Falls u und y gemessen werden können und die Ableitung von x beschaffbar wäre, so würde man eine lineare Bestimmungsgleichung für die Parameter a und b erhalten. Bei zwei verschiedenen Realisierungen von u können die unbekannten Parameter ermittelt werden. Da die Messung der Ableitungen meßtechnisch fragwürdig ist, wird ein Umweg dadurch gefunden, daß die Differentialgleichung in Bild 4.4 links und rechts des Gleichheitszeichens "gefiltert" wird. Eine Filterung kann im Zeitbereich durch eine Faltung mit einer Filtergewichtsfunktion g realisiert werden.

$$g * \dot{x} = a\,g * x + b\,g * u \qquad (3)$$

Das Faltungsprodukt kann durch

$$g * \dot{x} = \int_0^t g(t-\tau)\dot{x}(\tau)d\tau \qquad (4)$$

dargestellt werden.

Mit den Rechenregeln der partiellen Integration läßt sich hierfür schreiben

$$\int_0^t g(t-\tau)\dot{x}(\tau)d\tau = g(t-\tau)x(\tau) - \int_0^t \dot{g}(t-\tau)x(\tau)d\tau \qquad (5)$$

oder

$$g * \dot{x} = g(0)\,x(t) - g(t)\,x(0) - \dot{g} * x \qquad (6)$$

Falls die Gewichtsfunktion die Bedingung

$$g \neq 0 \text{ für } t \in [0, T] \qquad (7)$$
$$g = 0 \text{ sonst}$$

erfüllt, folgt für t = T

$$g * \dot{x} = -\dot{g} * x \qquad (8)$$

Damit ergibt sich für die "gefilterte" Ausgangsgleichung

$$-\dot{g} * x = a\,g * x + b\,g * u \qquad (9)$$

Diese Gleichung ist frei von Zustandsgrößenableitungen. Die Faltung einer abgeleiteten Meßgröße mit einer Gewichtsfunktion wurde also auf die Faltung einer abgeleiteten Gewichtsfunktion mit der Meßgröße zurückgeführt.

4.8 Wahl der Filtergewichtsfunktion

Bei der Wahl der Filtergewichtsfunktion ist nur wesentlich, daß die angegebenen Bedingungen; g ≠ 0 für t ∈ [0, T] und g = 0 sonst; eingehalten werden und daß eine einfache Realisierungsmöglichkeit besteht. Idealerweise kann bei praktisch realisierten Systemen das ohnehin für die Unterdrückung von Meßstörungen vorhandene Antialiasingfilter genutzt werden. Eine spezielle Gewichtsfunktion, die die geforderten Eigenschaften aufweist, ist die im Bild 4.5 gezeigte Dreiecksfunktion

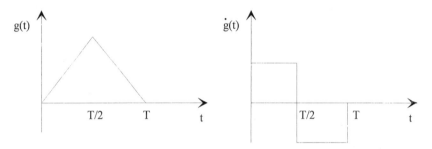

Bild 4.5: Gewichtsfunktion und ihre Ableitung

Die Betragsfrequenzgänge dieser Filter haben bei einer derartigen Gewichtsfunktion Verläufe gemäß Bild 4.6 (S. 82).

4.9 Filterrealisierung

Denkt man sich die Gewichtsfunktion und ihre Ableitung aus Geradenstücken zusammengesetzt, so lassen sich $\dot{g}$ und g mit Hilfe von Sprungfunktionen σ(t) ausdrücken. Es gilt

$$\dot{g}(t) = \sigma(t) - 2\,\sigma(t - T/2) + \sigma(t - T) \tag{10}$$

und

$$g(t) = t\,\sigma(t) - 2\,t\,\sigma(t - T/2) + (t - T)\sigma(t - T) \tag{11}$$

Damit folgt für den Ausdruck $\dot{g} * x$

$$\dot{g} * x = \int_0^T x(\tau)d\tau - 2\int_0^{T/2} x(\tau)d\tau \tag{12}$$

81

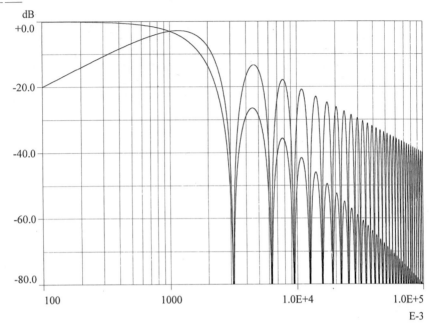

Bild 4.6: Betragsfrequenzgänge G(jω) und G'(jω) der Gewichtsfunktionen g(t) und ġ(t)

und mit Ausnutzung des Integralsatzes von Cauchy für die nicht abgeleitete Gewichtsfunktion

$$g*x = \int_0^T \int x(\tau)d^2\tau - 2\int_0^{T/2} \int x(\tau)d^2\tau \tag{13}$$

Die Gleichungen zeigen, daß Faltungsoperationen auf einfache Integrationen und Abtastung der Integrationswerte zu den Zeitpunkten T/2 und T zurückgeführt werden können. Die Integrationswerte sind dann entsprechend der Gleichungen (12) und (13) zu subtrahieren. Eine praktische Realisierung ist in Bild 4.7 dargestellt.

Nach der Meßzeit T sind die Integratoren wieder rückzusetzen, und ein neuer Meßzyklus kann gestartet werden. Damit erhält man für jede gefilterte Größe nach der Zeit T eine Maßzahl und Gleichung (9) kann mit den Abkürzungen

$$-\underbrace{\dot{g}*x}_{y} = a\underbrace{g*x}_{u1} + b\underbrace{g*u}_{u2} \tag{14}$$

82

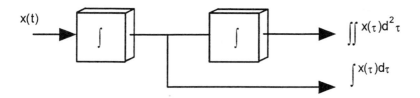

Bild 4.7: Filterrealisierung durch einfache Integratoren

als

$$y = a\,u1 + b\,u2 \tag{15}$$

darstellen. Die Größen y, $u1$ und $u2$ sind lediglich Zahlenwerte, so daß bezüglich der unbekannten Parameter a und b eine in diesen Parametern lineare Gleichung entsteht. Führt man die Messungen bei sich ändernder Eingangsgröße u n-mal durch, so erhält man folgende Meßreihe, wobei jeweils ein Gleichungsfehler ε berücksichtigt wurde

$$y_1 = a\,u1_1 + b\,u2_1 + \varepsilon_1$$
$$y_2 = a\,u1_2 + b\,u2_2 + \varepsilon_2 \tag{16}$$

$$y_n = a\,u1_n + b\,u2_n + \varepsilon_n$$

Diese Gleichungen können folgendermaßen zusammengefaßt werden

$$\underbrace{\begin{bmatrix} y_1 \\ \\ y_n \end{bmatrix}}_{\underline{y}} = \underbrace{\begin{bmatrix} u1_1 & u2_1 \\ \\ u1_n & u2_n \end{bmatrix}}_{\underline{U}} \underbrace{\begin{bmatrix} a \\ b \end{bmatrix}}_{\underline{\vartheta}} + \underbrace{\begin{bmatrix} \varepsilon_1 \\ \\ \varepsilon_n \end{bmatrix}}_{\underline{\varepsilon}} \tag{17}$$

Gleichung (17) kann mit der Methode der kleinsten Fehlerquadrate behandelt werden und ergibt für den geschätzten Parametervektor $\hat{\underline{\vartheta}}$ die Lösung

$$\hat{\underline{\vartheta}} = \left[\underline{U}^T \underline{U}\right]^{-1} \underline{U}^T \underline{y} \tag{18}$$

In dieser Gleichung ist $\underline{U}^T$ die Transponierte der Matrix $\underline{U}$. In [1] ist die rekursive Berechnung dieser Gleichung angegeben.

4.10 Anwendung auf Elektromotoren

Die einen Elektromotor beschreibenden Gleichungen (1) und (2) stellen zwei Differentialgleichungen erster Ordnung dar und unterscheiden sich nicht prinzipiell von dem in Bild 4.3 dargestellten System. Daher ist die Vorgehensweise analog wie bei dem ausgeführten Beispiel. In diesen Gleichungen kommt neben den leicht meßbaren Größen Strom und Spannung auch die Drehzahl als weitere Größe vor. Um jedoch keine mechanische Kupplung vornehmen zu müssen, werden die Gleichungen (1) und (2) passend umgeformt und die Kalmanfiltertechnik [2] zur Drehzahlermittlung herangezogen [3].

4.11 Bestimmung der Drehzahl ohne direkte Messung

Ein wesentlicher Vorteil der modellgestützten Motorprüfverfahren ist , daß lediglich die einfach zugänglichen Größen Strom und Spannung gemessen werden müssen. Damit fällt die mechanische Kupplung des Prüflings mit einer Belastungsmaschine, einer Drehzahlmeßeinrichtung oder einer Drehmomentmeßwelle weg. In den Gleichungen (1) und (2) ist die Drehzahl neben den leicht meßbaren Größen Strom und Spannung enthalten und diese Größen müßten ohne weitere Maßnahmen direkt gemessen werden.

Zur direkten Messung der Drehzahl kommen üblicherweise Tachogeneratoren sowie optische oder magnetische Geber mit inkrementalen Meßverfahren zum Einsatz. Ohne direkte Messung sind Meßverfahren bekannt, die die Drehzahl aus dem Motorstrom über den darin enthaltenen Stromrippel ermitteln [Filbert]. Dieser Rippel wird vom Kommutator verursacht und ist über die Lamellenzahl mit der Drehzahl verknüpft. Mittels Zeit- und Frequenzbereichsmethoden ist hieraus die Drehzahl ermittelbar. Problematisch bei dieser Methode ist jedoch die Ermittlung von Drehzahlen bei geringer Geschwindigkeit.

Eine systemtheoretisch begründete Methode stellt die Kalman-Filtertechnik dar. Im vorliegenden Fall handelt es sich um ein Extented Kalman Filter, bei dem sowohl die unbekannten Motorparameter als auch die unbekannte Zustandsgröße Drehzahl gleichzeitig ermittelt werden. An dieser Stelle kann lediglich die prinzipielle Vorgehensweise bei den vorliegenden Gleichungen erläutert werden. Grundkenntnisse über die Kalman-Filtertheorie müssen an dieser Stelle vorausgesetzt werden.

Aus (1) und (2) folgen nach Umstellung die Ausdrücke

$$\dot{i} = -\frac{R}{L}i - \frac{1}{L}u_g + \frac{1}{L}u \tag{19}$$

$$\frac{\Theta}{K_g}\dot{u}_g = K_g i - \frac{K_r}{K_g}u_g - M_r \tag{20}$$

Mit der Substitution $\tilde{u}_g = \dfrac{1}{L} u_g$

folgt für Gleichung (20)

$$\dot{\tilde{u}}_g = \frac{K_g{}^2}{\Theta L} i - \frac{K_r}{\Theta} \tilde{u}_g - \frac{K_g M_r}{\Theta L} \qquad (21)$$

Diese Gleichung kann in eine Differenzengleichung umgeformt werden. Hierin sei T die Abtastzeit und der Index k steht für den k-ten Zeitpunkt t = kT. Wird die Ableitung durch die Steigung im Punkt k mit

$$\dot{\tilde{u}}_g = \frac{d\tilde{u}_g}{dt} \approx \frac{\tilde{u}_{g_{k+1}} - \tilde{u}_{g_k}}{T} \qquad (22)$$

angenähert, so folgt als Differenzengleichung für $\tilde{u}_{g_k}$

$$\tilde{u}_{g_{k+1}} = \left(1 - \frac{K_r}{\Theta} T\right) \tilde{u}_{g_k} + \frac{K_g{}^2 T}{\Theta L} i_k - \frac{K_g M_r T}{\Theta L} \qquad (23)$$

Faßt man die unbekannten Parameter und die Zustandsgröße $\tilde{u}_g$ in einem Vektor $\underline{x}_k$ mit

$$\underline{x}_k = \begin{bmatrix} -\dfrac{R}{L} \\[2mm] -\dfrac{1}{L} \\[2mm] \dfrac{K_g{}^2}{\Theta L} \\[2mm] \dfrac{K_g M_r}{\Theta L} \\[2mm] \tilde{u}_{g_k} \end{bmatrix} \qquad (24)$$

zusammen, so ergibt sich das zeitdiskrete Prozeßmodell

$$\underline{x}_{k+1} = \begin{bmatrix} 1 & 0 & 0 & 0 & 0 \\ 0 & 1 & 0 & 0 & 0 \\ 0 & 0 & 1 & 0 & 0 \\ 0 & 0 & 0 & 1 & 0 \\ 0 & 0 & i_k T & -T & \left(1 - \dfrac{K_r T}{\Theta}\right) \end{bmatrix} \underline{x}_k + \begin{bmatrix} 0 \\ 0 \\ 0 \\ 0 \\ 1 \end{bmatrix} w_k \tag{25}$$

und als zeitdiskretes Meßmodell folgt

$$i_k = \begin{bmatrix} i_k, & \tilde{u}_{g_k}, & 0, & 0, & -1 \end{bmatrix} \underline{x}_k + v_k \tag{26}$$

$$
\begin{array}{ll}
E(w_k) = 0 & Var(w_k) = Q \\
E(v_k) = 0 & Var(v_k) = Q
\end{array}
$$

Die Größen w_k und v_k sind Störgrößen des Prozesses bzw. der Messung. Sie werden mit dem Erwartungswert 0 und den Varianzen Q und R angenommen. In der Gleichung (25) kommen die noch unbekannten Parameter K_r und Θ vor. Diese Größen können beispielsweise in einem Auslaufversuch des Motors gefunden werden. Hierzu ist die Gleichung (20) für den Fall i = 0 auszuführen, so daß aus ihr folgt

$$\dot{u}_g - \frac{K_r}{\Theta} u_g + \frac{M_r K_g}{\Theta} = 0 \tag{27}$$

Die Parameter dieser Differentialgleichung erster Ordnung können mit den beschriebenen Verfahren identifiziert und für Gleichung (25) genutzt werden.

4.12 Meßergebnisse

Besonders wichtig ist bei der Parameterermittlung, daß diese Kenngrößen des Prüflings mit sehr kleinen Unsicherheiten zu ermitteln sind. Um die Parameter mit einem Digitalrechner ermitteln zu können, werden bei den üblicherweise verwendeten Verfahren diskrete, d.h. nur zu den Abtastzeitpunkten gültige Modelle benutzt, wobei die Parameter ihre physikalische Bedeutung verlieren und in einem nachfolgenden Schritt mit einem Verlust an Genauigkeit wieder gewonnen werden müssen. Bei dem von imc entwickelten Verfahren ist dieser Umweg durch eine spezielle Signaltransformation nicht erforderlich. Das verwendete Verfahren hat als Ergebnis direkt die physikalischen Parameter mit einer verfahrensbedingten Unsicherheit, die unter 1 % liegt. Bild 4.8 zeigt beispielhaft einen Parameter eines DC-Motors. Es wurden 36 Versuche unter gleichen Bedingungen durchgeführt. Die auf den Mittelwert der Parameter bezogenen Streuungen lagen bei allen Parametern unter 0,3%. Es ist die ermittelte Motorkonstante Kg dargestellt. Bei dieser Größe ist davon auszugehen, daß keine Änderungen aufgrund physikalischer Effekte zu erwarten sind. Die relative Streuung dieses Parameters betrug weniger als 0,2%. Im Bild 4.8 ist die bei Wiederholungsversuchen ermittelte Generatorkonstante über der Anzahl der durchgeführten Versuche (36) dargestellt. An dieser Größe läßt sich die Reproduzierbarkeit des Verfahrens gut nachweisen, da diese Kenngröße nicht von den Testbedingungen, z.B. von der Temperatur, abhängig ist.

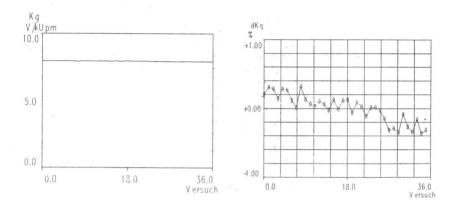

Bild 4.8: Generatorkonstante Kg bei Wiederholungsmessungen und die prozentuale Abweichung dKg vom Mittelwert

Eine sehr gute Reproduzierbarkeit der ermittelten Parameter ist eine unabdingbare Voraussetzung für die Wirksamkeit dieses Verfahrens. Dies ist deshalb so wichtig, da die Parameterstreuungen im Fertigungsprozeß wenige Prozent betragen und sicher von Exemplaren mit Fehlern unterschieden werden müssen. Die Meßergebnisse der Drehzahl sind im nächsten Bild dargestellt. Um einen Vergleich vornehmen zu können, wurde im Auslauf des Motors die Klemmenspannung gemessen, die der Drehzahl proportional ist.

Die durch Kommutatoreffekte verrauschte Spannung und die vom Kalman-Filter vorhergesagte Drehzahl sind dargestellt. Verblüffend ist die Präzision, mit der die Drehzahl ohne direkte Messung ermittelt wird. Da nur die leicht zugänglichen Klemmengrößen des Motors einer Messung zugänglich sein müssen, entfällt die Kupplung der Prüflinge, was einen wichtigen Vorteil des Verfahrens darstellt.

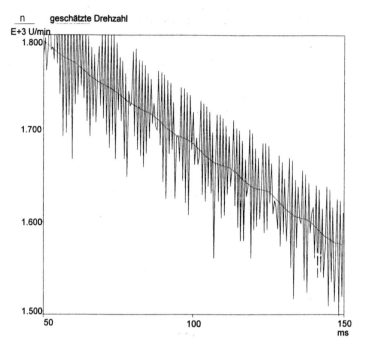

Bild 4.9: Ausschnitt der Drehzahl n und mit einem Kalman-Filter ermittelte Drehzahl während des Auslaufs des Motors

4.13 Erfassung von Spezialeffekten

Bei einigen Motoren ist eine nicht zu vernachlässigende Abhängigkeit des Anschlußwiderstandes vom Motorstrom zu erwarten. Durch die Aufteilung des Widerstandes in einen konstanten Anteil, der von den Wicklungen herrührt und einen Bürstenwiderstand, der vom Strom abhängig ist, ergibt sich die in Bild 4.10 gezeigte Abhängigkeit des Widerstandes R vom Strom I. Im dargestellten Fall wurde für den Bürstenwiderstand eine Wurzelabhängigkeit als Modellannahme unterstellt.

4.14 Bestimmung der charakteristischen Motorkennlinien

Mit den ermittelten Motorparametern lassen sich die beim Motortest bekannten charakteristischen Motorkennlinien berechnen. Hierdurch wird es möglich, mit dem im Meßsystem standardmäßig vorhandenen Reportgenerator für jeden einzelnen Motor ein Zertifikat mit den individuellen Motorkennlinien des Exemplars zu erstellen.

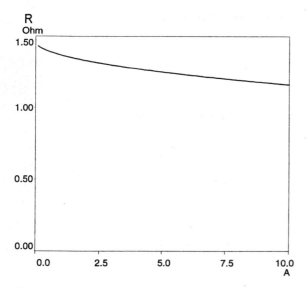

Bild 4.10: Widerstand als Funktion des Stromes

Zu diesem Zweck werden die Modellgleichungen (1) und (2) für den stationären Fall $i = \dot{\omega} = 0$ berechnet. Zusätzlich wird das an der Motorwelle von einem Verbraucher angreifende Lastmoment M in die Gleichung (2) eingefügt, so daß die Gleichungen bei Nennspannung $u = u_N$ lauten:

$$u_N = R\,i + K_g\,\omega$$
$$K_g\,i = M_r + K_r\,\omega + M \tag{28}$$

Aus diesen Gleichungen lassen sich die gewünschten Kennlinien ermitteln.

a) Strom als Funktion des Lastmomentes i = i(M)

Aus (28) folgt für die Drehzahl

$$\omega = \frac{K_g}{K_r}i - \frac{M_r}{K_r} - \frac{M}{K_r} \tag{29}$$

Einsetzen in die Spannungsgleichung ergibt:

$$u_N = Ri + \frac{K_g^{\,2}}{K_r}i - \frac{K_g M_r}{K_r} - \frac{K_g}{K_r}M \tag{30}$$

89

und hieraus folgt nach Umstellung nach dem Strom

$$i(M) = \frac{K_r u_N + K_g M_r}{R K_r + K_g^2} + \frac{K_g}{R K_r + K_g^2} M \qquad (31)$$

b) Drehzahl als Funktion des Lastmomentes $\omega = \omega(M)$

Setzt man die Momentengleichung von (28) in die Spannungsbilanz ein, so folgt:

$$u_N = \frac{RM_r}{K_g} + \frac{RK_r}{K_g}\omega + \frac{R}{K_g}M + K_g\omega \qquad (32)$$

Wird diese Gleichung nach der Drehzahl umgestellt, so folgt direkt die gewünschte Gleichung

$$\omega = \frac{K_g u_N - R M_r}{R K_r + K_g^2} - \frac{R}{R K_r + K_g^2}M \qquad (33)$$

c) Leistungsabgabe an der Motorwelle P_{ab}

Diese Größe wird aus dem Produkt von abgegebenem Drehmoment und der Drehzahl gebildet. Es gilt:

$$P_{ab} = M\omega = M\omega(M) \qquad (34)$$

d) Aufgenommene elektrische Leistung P_{el}

Motorstrom und Anschlußspannung ergeben das Produkt:

$$P_{el} = u_N i = u_N i(M) \qquad (35)$$

e) Wirkungsgrad $\eta = \eta(M)$ des Motors

Der Wirkungsgrad ist das Verhältnis der an der Motorwelle abgegebenen Leistung zur aufgenommenen elektrischen Leistung (siehe auch Abschnitt 2.1.2) und wird aus

$$\eta = \frac{P_{ab}(M)}{P_{el}(M)} \tag{36}$$

gebildet.
Damit sind die Kurven aus den ermittelten Parametern berechenbar und führen beispielsweise für einen Gleichstrommotor bei einer 12 V Nennspannung zu folgenden Kurven:

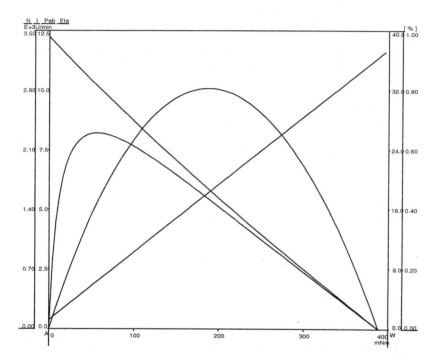

Bild 4.11: Charakteristische Motorkennlinien als Funktion des Lastmomentes

Wie an diesem Beispiel zu sehen ist, können sämtliche Kennlinien aus den ermittelten Motorparametern angegeben werden. Dies bedeutet, daß für eine vollständige Archivierung der Motorcharakteristika nur wenige Werte zu speichern sind. Für jeden Motor läßt sich somit ein Zertifikat beifügen. Andererseits können die Daten bei einer Rücklieferung eines defekten Motors zum Vergleich bei einer erneuten Messung herangezogen werden.
Die Kennlinien stellen bezüglich ihrer maximal auftretenden Werte keine Extra-

polation in nicht durchlaufene Bereiche dar. Die Systemanregung während der Prüfung ist so gewählt, daß diese Werte auch tatsächlich dynamisch erreicht werden.

Bei Messungen in der Praxis liegen oft Anforderungen nach speziellen Punkten der Kennlinien vor, die zu ermitteln sind. Diese speziellen Punkte betreffen beispielsweise die Anlaufwerte oder den Motorstrom bei maximalem Wirkungsgrad. Auch diese Punkte lassen sich aus den angegebenen Gleichungen ableiten.

d) Charakteristische Meßpunkte

Anlaufmoment M_a
Dieser spezielle Punkt kann aus der Gleichung (33) errechnet werden, wobei die Bedingung $\omega(M_a) = 0$ gelten muß. Es folgt unter dieser Bedingung:

$$M_a = \frac{K_g u_N}{R} - M_r \tag{37}$$

Dieses Moment ergibt sich aus der Differenz des antreibenden Momentes und des Reibmomentes.

Anlaufstrom $I_a = i(M_a)$
Zur Berechnung des Anlaufstromes wird in die Gleichung für den Motorstrom (31) das spezielle Moment M_a eingesetzt und es ergibt sich

$$I_a = \frac{K_r u_N + K_g M_r}{R K_r + K_g^2} + \frac{K_g}{R K_r + K_g^2} (\frac{K_g u_N}{R} - M_r) = \frac{u_N}{R} \tag{38}$$

der lediglich durch den Motorwiderstand begrenzte Strom.

Leerlaufdrehzahl ω_l
Unter der Bedingung, daß das äußere Lastmoment $M = 0$ ist, folgt aus (33) unmittelbar

$$\omega_l = \frac{K_g u_N - R M_r}{R K_r + K_g^2} \tag{39}$$

die gesuchte Leerlaufdrehzahl.

Maximale Abgabeleistung $P_{ab\,max}$
Diese Kenngröße errechnet sich aus der notwendigen Bedingung für ein Extremum der Funktion P_{ab} bezüglich der Lastmomentänderung. Es muß gelten an der Stelle des maximalen Abgabemomentes:

$$\frac{dP_{ab}}{dM}\bigg|_{M=M_{PM}} = 0 \tag{40}$$

Mit den Abkürzungen

$$a = K_g u_N - RM_r$$
$$b = R$$
$$c = (u_N K_r + K_g M_r)u_N$$
$$d = K_g u_N$$

erhält man die Bedingung für ein Extremum

$$a - 2M_{PM}b = 0 \tag{41}$$

und damit das Abgabemoment

$$M_{PM} = \frac{a}{2b} = \frac{K_g u_N - RM_r}{2R} = \frac{M_a}{2} \tag{42}$$

als halbes Anlaufmoment, wenn Gleichung (37) berücksichtigt wird. Für die maximale Abgabeleistung $P_{ab\,max}$ ergibt sich dann der Ausdruck

$$P_{ab\,max} = \frac{1}{RK_r + K_g^2}\left[(K_g u_N - RM_r)M_{PM} - RM_{PM}^2\right]$$

$$= \frac{1}{RK_r + K_g^2}\left[\frac{(K_g u_N - RM_r)^2}{2R} - \frac{(K_g u_N - RM_r)^2}{4R}\right] \tag{43}$$

$$= \frac{(K_g u_N - RM_r)^2}{4R(RK_r + K_g^2)}$$

Steifigkeit $\left|\dfrac{d\omega}{dM}\right|$

Mit dieser Kenngröße kann ausgedrückt werden, welche Drehzahländerungen bei Laständerungen zu erwarten sind. Aus Gleichung (33) folgt sofort

$$\left|\frac{d\omega}{dM}\right| = \frac{R}{RK_r + K_g^2} \tag{44}$$

Abgabemoment M_{EM} bei maximalem Wirkungsgrad η_{max}

Der maximale Wirkungsgrad wird dann erreicht, wenn die Bedingung $\dfrac{d\eta}{dM} = 0$
erfüllt ist. Es gilt:

$$\frac{d\,\eta}{dM} = \frac{(a - 2b)(c + dM) - d(aM - bM^2)}{(c + dM)^2} = 0 \tag{45}$$

Der Zähler der Gleichung ergibt eine quadratische Gleichung für das Moment M

$$M^2 + 2\frac{c}{d}M - \frac{ac}{bd} = 0 \tag{46}$$

mit den Lösungen

$$M_{1,2} = -\frac{c}{d} \pm \sqrt{\frac{c^2}{d^2} + \frac{ac}{bd}} \tag{47}$$

wobei für das wirkungsgradoptimale Moment M_{EM} der Wert

$$M_{EM} = -\frac{c}{d} + \sqrt{\frac{c^2}{d^2} + \frac{ac}{bd}} \tag{48}$$

gefunden wird. Mit physikalischen Parametern lautet dieser Ausdruck dann:

$$M_{EM} = -\left(\frac{u_N K_r}{K_g} + M_r\right) + \sqrt{\left(\frac{u_N K_r}{K_g} + M_r\right)\left(\frac{K_r}{K_g} + \frac{K_g}{R}\right)u_N} \tag{49}$$

4.15 Geräuschanalyse ergänzt die Diagnose

Konventionelle Motorprüfstände verfügen oft nicht über eine objektive Einrichtung zur Geräuschanalyse. Zwar ist das Ohr des Prüfers sehr sensitiv gegenüber Geräuschen, oftmals ist der Umgebungslärm in den Produktionsstätten so hoch, daß eine Prüfung schwerfällt. Sind dennoch Systeme zur Geräuschmessung vorhanden, wird damit meist nur mit einer Pegelmeßeinrichtung gearbeitet. Problematisch für den Motorhersteller ist, daß es nicht nur darauf ankommt, welche störenden Geräusche ein Prüfling auf dem Motorprüfstand produziert, entscheidend ist, welche Geräusche der Motor im eingebauten Zustand beim Endkunden (z.B. als Lüfter im Kraftfahrzeug) produziert. Ein neues Verfahren kann diese Zusammenhänge berücksichtigen (siehe Kapitel von Dr. Hillenbrand).

4.16 Sonderprüfungen

Zum Prüfumfang können neben dem Hochspannungstest auch Sonderprüfungen wie beispielsweise eine Drehrichtungserkennung durchgeführt werden. Bei der Drehrichtungserkennung ist dies mit einem zusätzlichen Sensor in der Aufnahmevorrichtung für den Prüfling möglich.

4.17 Bürstenspannungsabfall als Funktion des Motorstroms

Bei dieser Sonderprüfung sollte indirekt die Temperatur der Bürsten ermittelt werden. Der Effektivwert des Motorstroms wurde für diesen Fall eingeprägt und stellt in guter Näherung ein Maß für die Bürstentemperatur in diesem Anwendungsfall dar. Der nachfolgende Report zeigt die Spannungsabfälle am Anschlußwiderstand des Motors als Funktion des Stromes. Die verschiedenen Kurven sind für unterschiedliche Effektivwerte der Motorströme angegeben.

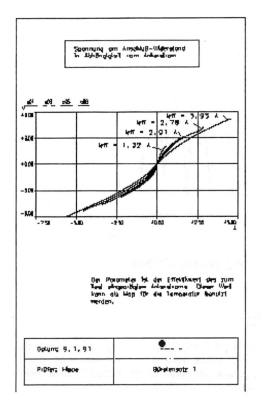

Bild 4.12: Report über den Strom-Spannungszusammenhang am Anschlußwiderstand eines Motors

95

4.18 Drehmomentenschwankung über dem Umfang

Eine weitere Sonderprüfung bestand in der Ermittlung der Drehmomenten-schwankung über dem Umfang. Solche Schwankungen des Drehmomentes sind mit herkömmlichen Meßmethoden nicht einfach zu ermitteln, da die Schwankungen nur Bruchteile vom Nennmoment des Motors ausmachen. Für diese Messungen wurde zusätzlich ein Inkrementalgeber zur Ermittlung der Drehzahl verwendet. Das nachfolgende Bild zeigt die nahezu sinusförmigen Drehmomentenschwankungen, für deren Bestimmung keine Drehmomenten-meßeinrichtung erforderlich ist. Ein Vergleich mit konventionellen Messungen zeigte eine sehr gute Übereinstimmung.

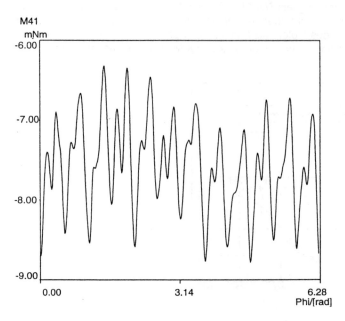

Bild 4.13: Drehmomentenschwankung über dem Umfang

4.19 Zusammenfassung

Die zunehmenden Anforderungen an die Qualität von seriengefertigten Elektro-motoren können mit dem PI-Verfahren erfüllt werden. Für den Anwender dieser neuartigen Diagnosesysteme ergibt sich ein hoher Kundennutzen, der sich fol-gendermaßen zusammenfassen läßt:

Die **Prüfstandskosten** sind niedrig, da
- eine Belastungsmaschine für den Prüfling nicht erforderlich ist
- eine Drehmomentenmeßeinrichtung nicht benötigt wird
- auf eine Drehzahlmeßeinrichtung verzichtet werden kann und damit keine mechanischen Kuppelvorgänge vorzunehmen sind
- der Prüfstand bei geringen Rüstkosten für die unterschiedlichsten Motortypen eingesetzt werden kann.

Die **Prüfkosten** sind niedrig, da
- nur eine kurze Prüfzeit (2 bis 6 s) erforderlich ist
- zur Bedienung des Prüfständes kein qualifiziertes Personal erforderlich ist.

Die **Gewährleistungskosten** sind niedrig, da
- das Verfahren eine hohe Prüftiefe aufweist
- ein lückenloser Nachweis über die Fertigungsqualität erfolgen kann.

Mit dem hier vorgestellten Verfahren wird ein neuer Weg in der Prüfung von Elektromotoren aufgezeigt, der die wissenschaftlichen Erkenntnisse der modernen Systemtheorie konsequent nutzt und Prüfstrategien ermöglicht, die mit konventionellen Verfahren praktisch nicht erreichbar sind. Von entscheidender Bedeutung ist, daß diese Verfahren nicht nur einen Test jedes einzelnen Prüflings ermöglicht, sondern daß eine Diagnose jedes Motorexemplars möglich wird.

4.20 Literatur

[1] Unbehauen, H., Göhring, B., Bauer, B.: Parameterschätzverfahren zur Systemidentifikation, Oldenbourg Verlag, 1974
[2] Schrick, K.-W.: Anwendungen der Kalman-Filter-Technik, Oldenbourg Verlag, 1974
[3] Metzger, K., Hippe, S.: Diagnostics of DC-Motors using extended Kalman filter technique, International Measurement Confederation TC 10, 1992, Tagungsband

5. Parameterschätzung von Synchron- und Asynchronmaschinen

F. Hillenbrand

5.1 Einleitung

Die Verwendung von Induktionsmaschinen in geregelten Antrieben verlangt - bei hohen dynamischen Anforderungen - eine genaue Modellbildung der einge-setzten Maschinen. Für diesen Zweck geeignete Modelle sind aus der Literatur bekannt, sollen jedoch hier in Erinnerung gerufen werden. In der Praxis werden die notwendigen Systemkennwerte entweder den Konstruktionsdaten entnom-men oder durch Prüffeldmessungen bestimmt.

Im Gegensatz hierzu stehen kaum Methoden zur Verfügung, die eine Bestim-mung der Modellparameter unter Betriebsbedingungen zulassen. Die Ermittlung der interessierenden Größen im aktuellen Anwendungsfall ist deshalb von Bedeutung, da die Parameter (z.B. durch Temperatureinflüsse) vom Betriebs-zustand abhängen. Um einen angepaßten Parametersatz zu gewinnen, ist es notwendig, ein Verfahren zu entwickeln, das

- von der jeweiligen Betriebsart weitgehend unabhängig die gesuchten Werte liefert,
- in seinem Aufbau so geartet ist, daß eine On-line-Verarbeitung der anfallen-den Daten durchgeführt werden kann,
- möglichst keine systemfremden Anregungsfunktionen benötigt.

Es zeigt sich, daß die genannten Verfahrenseigenschaften nur erreicht werden können, wenn die bekannten Maschinenmodelle an die einzusetzenden Para-meterschätzverfahren angepaßt werden. Außerdem wird deutlich, daß verschie-dene Parameter nur in bestimmten Betriebszuständen mit ausreichender Ge-nauigkeit bestimmt werden können.

Liegt der Fall vor, daß alle Parameter des Modells der Asynchronmaschine (ASM) unbekannt sind oder liegen nur sehr grobe Richtwerte vor, wird zweck-mäßigerweise zuerst die Hauptfeldzeitkonstante ermittelt, da dadurch die Bestimmung der übrigen Parameter wesentlich erleichtert wird. Diese Aufgabe wird dadurch gelöst, daß die während des Auslaufes der Maschine auftretende Restspannung, deren Abklingen durch die Hauptfeldzeitkonstante bestimmt ist, zur Berechnung der gesuchten Größe herangezogen wird. Treten Sättigungs-effekte des Hauptfeldes auf, so können diese auf einfache Weise in diesem Betriebszustand berücksichtigt werden. Im Falle, daß die mechanischen Brems-momente (Reibung, Belastungsmomente) im betrachteten Zeitintervall größere Änderungen der Drehzahl verursachen, sind die dafür ursächlichen mechanischen Kennwerte zusätzlich ermittelbar. Wesentlich hierbei ist, daß zur Ermittlung der Hauptfeldzeitkonstante außer den Ständerspannungen keine weiteren Meßgrößen benötigt werden und ein Auslauf der Asynchronmaschine bei jeder Anwendung vorkommt.

Zur Bestimmung der restlichen Maschinenparameter können verschiedene Betriebsweisen gewählt werden. Falls die Eingangsspannung außer der Grundschwingung wenigstens eine Oberschwingung enthält oder mehrere Schlupfwerte durchfahren werden, genügt dies zur Parameterbestimmung.

Eine der vorgestellten Methoden bietet für regelungstechnische Anwendungen den Vorteil, daß gleichzeitig der Ständerfluß ermittelt wird. Als Meßwerte sind in diesem Fall die Ständerspannungen, Ständerströme und die Drehzahl notwendig.

Durch geeignete Erweiterung der vorgestellten Methode kann eine Schätzung der Drehzahl vorgenommen werden und somit die Messung der Drehzahl entfallen. Dies ermöglicht beispielsweise einen drehzahlgeregelten Betrieb der ASM ohne Drehzahl-Sensor.

Eine Anwendung der geschilderten Vorgehensweise auf das Modell der Synchronmaschine gestattet, bei entsprechender Wahl der Koordinaten, auch hier eine Bestimmung sämtlicher Modellparameter. Aufgrund der Unsymmetrie der Synchronmaschine kann die Methode so abgeändert werden, daß sowohl Drehzahl als auch Drehwinkel als Schätzwerte ermittelt werden können.

5.2 Modellbildung

5.2.1 Durchflutungsverlauf einer symmetrischen Wicklung

In einer elektrischen Maschine ergibt sich der Durchflutungsverlauf durch Integration des Strombelages (s. a. 2.12) längs des Luftspaltes.

Betrachtet man den Ständer einer dreiphasigen Maschine mit den symmetrisch verteilten Wicklungen a, b, c, so verlaufen bei einem festen Stromaugenblickswert die Durchflutungen wie in Bild 5.1 gezeigt. Die laufende Winkelkoordinate ξ ist mit der Abszisse x des abgewickelten Luftspaltes gemäß der Beziehung

$$x = \frac{\tau}{\pi} \xi \qquad (5.1)$$

verbunden, wobei $\tau/3$ gerade eine Wicklungszone bedeckt.

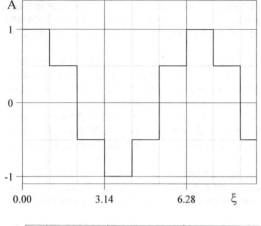

Bild 5.1:
Verlauf des
Strombelages

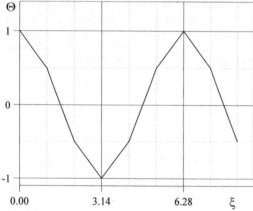

Bild 5.2:
Durchflutungs-
verlauf

Entwickelt man den Durchflutungsverlauf in eine Fourierreihe und bricht nach dem ersten Glied ab, so ergibt sich für den räumlichen und zeitlichen Verlauf der Durchflutung Θ die Gleichung:

$$\Theta = \Sigma \frac{\tau}{\upsilon * \pi} A_\upsilon \cos \left(\frac{\upsilon * \pi}{\tau} * x \right), \tag{5.2}$$

wobei A_υ die zeitlich veränderliche Grundwelle der Durchflutung darstellt.
Für den in Bild 5.3 skizzierten Ständer einer Drehstrommaschine ergibt sich der Durchflutungsverlauf der Grundwelle in Abhängigkeit der Ströme und des Winkels zu:

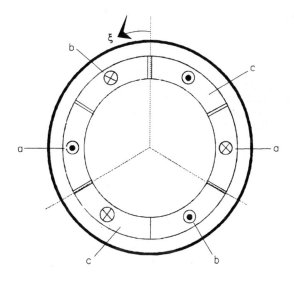

Bild 5.3:
Skizze der
Wicklungs-
aufteilung einer
Drehstrom-
maschine

$$\Theta(\xi,t) = \frac{4}{\pi} k [\cos \xi (i_a - \frac{1}{2} i_b - \frac{1}{2} i_c) + (\sin \xi (\sqrt{\frac{3}{4}} i_b - \sqrt{\frac{3}{4}} i_c)] \tag{5.3}$$

wobei k eine von der Wicklungsausführung abhängige Konstante darstellt (Bild 5.2).

5.2.2 Transformation auf ein Zweiphasensystem

Bei der Behandlung der betrachteten Induktionsmaschinen wird davon ausgegangen, daß der Mittelpunktleiter des speisenden Dreiphasennetzes nicht angeschlossen ist bzw. keinen Rückstrom führt.

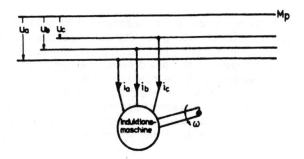

Damit gilt für die Spannungen und Ströme der bekannte Zusammenhang

$$u_a(t) + u_b(t) + u_c(t) = 0, \qquad i_a(t) + i_b(t) + i_c(t) = 0 \qquad (5.4)$$

Wegen der vorliegenden linearen Abhängigkeit kann mit Hilfe der obigen Gleichungen eine Reduzierung des Dreiphasensystems auf ein Zweiphasensystem durchgeführt werden. Es ist üblich, die Transformation so durchzuführen, daß aus einem symmetrischen Dreiphasensystem ein symmetrisches Zweiphasensystem entsteht und Leistungsinvarianz vorliegt. Aus der geforderten Leistungsinvarianz und den Gleichungen (5.4) erhält man für die Berechnung der Zweiphasengrößen (α, β, 0-Komponenten) die Beziehungen:

$$i_\alpha = \sqrt{\frac{2}{3}}i_a - \sqrt{\frac{1}{6}}i_b - \sqrt{\frac{1}{6}}i_c \,, \qquad u_\alpha = \sqrt{\frac{2}{3}}u_a - \sqrt{\frac{1}{6}}u_b - \sqrt{\frac{1}{6}}u_c \qquad (5.5)$$

$$i_\beta = \qquad +\frac{1}{\sqrt{2}}i_b - \frac{1}{\sqrt{2}}i_c \,, \qquad u_\beta = \qquad +\frac{1}{\sqrt{2}}u_b - \frac{1}{\sqrt{2}}u_c$$

$$i_0 = \frac{1}{\sqrt{3}}i_a + \frac{1}{\sqrt{3}}i_b + \frac{1}{\sqrt{3}}i_c \,, \qquad u_0 = \frac{1}{\sqrt{3}}u_a + \frac{1}{\sqrt{3}}u_b + \frac{1}{\sqrt{3}}u_c$$

Aus Gleichung (5.4) ist unmittelbar ersichtlich, daß die „0"-Größen verschwinden und somit die Transformation auf ein Zweiphasensystem gelungen ist, da die transformierten Größen i_0, u_0 nicht zur Bildung von Drehfeldern beitragen. Für den zeitlichen und räumlichen Durchflutungsverlauf der Grundwelle erhält man dann aus (5.3) mit (5.5)

$$\Theta(\xi,t) = k_2 \cos{(\xi)}^* i_\alpha + \sin(\xi)^* i_\beta \qquad (5.6)$$

5.2.3 Induktivitäten und magnetische Leitwertfunktion

Um ein mathematisches Modell der Induktionsmaschine aufstellen zu können, muß die gegenseitige Beeinflussung von Ständer und Läufer beschrieben werden. Ein solcher Zusammenhang läßt sich mit Hilfe der Eigen- und Koppelinduktivitäten beschreiben, die sich aus der magnetischen Induktion, der Durchflutung und dem magnetischen Leitwert berechnen lassen.

Die magnetische Leitwertfunktion entlang des Luftspaltes weist bei glatten Ständer- und Läuferoberflächen einen konstanten Wert auf. Bei Synchronmaschinen (Schenkelpolmaschinen) treten wegen des nicht konstanten Luftspaltes geradzahlige Harmonische auf, die durch den unterschiedlichen magnetischen Leitwert entlang des Luftspaltes verursacht werden. Die magnetische Leitwertfunktion einer Induktionsmaschine läßt sich durch die Reihenentwicklung

$$\lambda\ (\xi) = \lambda_0 + \lambda_2 \cos\ (2\xi) + \lambda_4 \cos\ (4\xi) + ... \tag{5.7}$$

hinreichend gut beschreiben.
Die magnetische Induktion wird damit an jeder Stelle ξ als Produkt aus Durchflutung und magnetischem Leitwert dargestellt:

$$B(\xi,t) = \Theta(\xi,t)^*\lambda(\xi) \tag{5.8}$$

Für magnetisch 'glatte' Maschinen (Maschinen vom Asynchrontyp) ist die Leitwertfunktion konstant. Die Betrachtungen im Rahmen dieses Buches sollen sich auf Maschinen dieses Typs beschränken.
Die skizzierte zweiphasige Induktionsmaschine, deren Läufer um den beliebigen Winkel γ gegenüber dem Ständer verdreht ist, legt die Vermutung nahe, daß die Induktivitäten der Ständerwicklungen untereinander und die Induktivitäten der Läuferwicklungen untereinander nicht vom Drehwinkel abhängen. (Die Wege des magnetischen Flusses sind nicht winkelabhängig, sofern keine Sättigung auftritt). Die Abhängigkeit der Induktivitäten vom Drehwinkel zwischen je einer Ständer - und je einer Läuferwicklung ist dagegen offensichtlich.

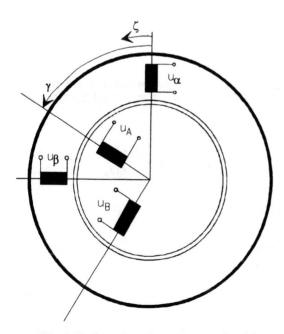

Bild 5.4:
Skizze der
zweiphasigen
Induktions-
maschine mit der
Läuferstellung γ

Mit Hilfe der magnetischen Energie im Luftspalt errechnet man für die Induktivitäten der Induktionsmaschine mit glattem Läufer (Asynchrontyp):

$$l_{\alpha\alpha} = L_s, \ l_{\beta\beta} = L_S, \ l_{AA} = L_R, \ l_{BB} = L_R$$

$$l_{\alpha A} = L_h \cos(\gamma), \ l_{\beta A} = L_h \sin(\gamma), \ l_{\alpha B} = -L_h \sin(\gamma), \ l_{\beta B} = L_h \cos(\gamma)$$

(5.9)

wobei L_s für Stator-, L_R für Rotor- und L_h für Haupt(Koppel)indutivität steht.

5.2.4 Spannungs- und Bewegungsgleichungen

Nachdem die Induktivitäten und damit der magnetische Fluß in den einzelnen Wicklungen bekannt ist, lassen sich mit Hilfe der Kirchhoffschen Sätze die elektrischen Gleichungen der Induktionsmaschine leicht ermitteln. Unter Berücksichtigung des Ohmschen Widerstandes gilt für die einzelnen Wicklungen:

$$u_\alpha = R_s i_\alpha + \frac{d\Psi_\alpha}{dt} \qquad u_\beta = R_s i_\beta + \frac{d\Psi_\beta}{dt}$$

(5.10)

$$u_A = R_R i_A + \frac{d\Psi_A}{dt} \qquad u_B = R_R i_B + \frac{d\Psi_B}{dt}$$

Hierbei ist R_s der Statorwiderstand und R_R der Rotorwiderstand. Die magnetischen Flüsse der einzelnen Spulen ergeben sich aus den Induktivitäten und Strömen als:

$$\Psi_\alpha = L_s i_\alpha \qquad\qquad + L_h \cos(\gamma)\, i_A - L_h \sin(\gamma)\, i_B$$

(5.11)

$$\Psi_\beta = L_s i_\beta + L_h \sin(\gamma)\, i_A + L_h \cos(\gamma)\, i_B$$

$$\Psi_A = L_h \cos(\gamma)\, i_\alpha + L_h \sin(\gamma)\, i_\beta \qquad + L_r i_A$$

$$\Psi_B = -L_h \sin(\gamma)\, i_\alpha + L_h \cos(\gamma)\, i_\beta \qquad + L_R i_B$$

Die Bewegungsgleichung ergibt sich aus der Momentenbilanz zu:

$$\Theta_m \frac{d^2\gamma}{dt^2} = m(i,\gamma) + m_G,$$

(5.12)

mit dem mechanischem Gegenmoment m_G. Das von der Induktionsmaschine aufgebrachte elektrische Moment erhält man aus der Energiebilanz als die Änderung der magnetischen Energie W_m mit dem Drehwinkel.

$$m(i,\gamma) = \frac{W_m(\gamma)}{d\gamma} \qquad (5.13)$$

Die winkelabhängige magnetische Energie berechnet sich mit Hilfe der Induktivitäten Gl(5.9) und den Strömen zu

$$W_m = i_\alpha (l_{\alpha A} i_A + l_{\alpha B} i_B) + i_\beta (l_{\alpha A} i_A + l_{\beta B} i_B)$$
$$+ i_A (l_{\alpha A} i_\alpha + l_{\beta A} i_\beta) + i_B (l_{\alpha B} i_\alpha + l_{\beta B} i_\beta). \qquad (5.14)$$

Nach einsetzen von GL(5.9) und Berücksichtigung von Gl(5.13) erhält man das elektrische Moment zu:

$$m(i,\gamma) = L_h [(i_\beta i_A - i_\alpha i_B) \cos(\gamma) - (i_\alpha i_A + i_\beta i_B) \sin(\gamma)]. \qquad (5.15)$$

Mit den Gleichungen (5.11) und (5.15) liegt das vollständige Modell einer symetrischen, nichtschenkligen und stromverdrängungsfreien Induktionsmaschine ohne Berücksichtigung von Sätigungseffekten vor. Bevor jedoch auf die meßtechnische Bestimmung der Parameter L_h, R_s, L_R, R_R eingegangen werden kann, sind noch einige Umformungen und Transformationen notwendig.

5.2.5 Komplexe Zusammenfassung der Spannungsgleichungen

Wegen der vorausgesetzten Symmetrie der bisher betrachteten Induktionsmaschine ergeben sich Gleichungen mit blocksymmetrischem Aufbau. Dieser Umstand wird deutlich wenn man die Gleichungen (5.10) und (5.11) in eine Matrizenschreibweise überführt.

$$\begin{pmatrix} u_\alpha \\ u_\beta \\ u_A \\ u_B \end{pmatrix} = \begin{bmatrix} \begin{pmatrix} R_s & \\ & R_s \end{pmatrix} & \\ & \begin{pmatrix} R_R & \\ & R_R \end{pmatrix} \end{bmatrix} \begin{pmatrix} i_\alpha \\ i_\beta \\ i_A \\ i_B \end{pmatrix} \qquad (5.16)$$

$$+ \frac{d}{dt} \begin{bmatrix} \begin{pmatrix} L_s & \\ & L_s \end{pmatrix} & \begin{pmatrix} L_h \cos(\gamma) & -L_h \sin(\gamma) \\ L_h \sin(\gamma) & L_h \cos(\gamma) \end{pmatrix} \\ \begin{pmatrix} L_h \cos(\gamma) & L_h \sin(\gamma) \\ -L_h \sin(\gamma) & L_h \cos(\gamma) \end{pmatrix} & \begin{pmatrix} L_R & \\ & L_R \end{pmatrix} \end{bmatrix} \begin{pmatrix} i_\alpha \\ i_\beta \\ i_A \\ i_B \end{pmatrix}$$

Aus der Mathematik ist bekannt, daß der Drehmatrix

$$e^{j\gamma} \Rightarrow \begin{bmatrix} \cos(\gamma) & -\sin(\gamma) \\ \sin(\gamma) & \cos(\gamma) \end{bmatrix} \tag{5.17}$$

eineindeutig die komplexe Zahl $e^{j\gamma}$ zugeordnet werden kann. Die Gleichung (5.16) ist deswegen äquivalent der komplexen Gleichung

$$\begin{pmatrix} u_s \\ u_R \end{pmatrix} = \begin{bmatrix} R_s & \\ & R_s \end{bmatrix} \begin{pmatrix} i_s \\ i_R \end{pmatrix} + \frac{d}{dt} \begin{bmatrix} L_s & L_h e^{-j\gamma} \\ L_h e^{-j\gamma} & L_R \end{bmatrix} \begin{pmatrix} i_s \\ i_R \end{pmatrix}. \tag{5.18}$$

$$m = jL_h \left[-i_s e^{-j\gamma} i^*{}_R + i^*{}_s e^{j\gamma} i_R \right] = L_h \, \text{Re} \left[-je^{-j\gamma} i_s i^*{}_R \right]$$

Hierbei sind

$$u_S = u_\alpha + ju_\beta, \qquad i_S = i_\alpha + ji_\beta, \qquad i_R = i_A + ji_B$$

die komplexe Zusammenfassung der Spannungen und Ströme, sowie $i_S{}^*, i_R{}^*$ der zugehörige konjugiert komplexe Wert.

Die imaginäre Einheit beschreibt hier eine räumliche Drehung um $\dfrac{\pi}{2}$; man

spricht deswegen von Raumzeigerdarstellungen für die Ströme und die Spannungen. Der durch j ausgedrückte Versatz um $\pi/2$ entspricht dem Versatz der Wicklungen. Ist i_S beispielsweise der Raumzeiger des Ständerstromes; so sind die Augenblickswerte von Amplitude und (räumlicher) Phasenlage proportional der sinusförmig verteilten Durchflutung infolge des Ständerstromes.

Um die weitere Arbeit mit der die Induktionsmaschine beschreibenden Gl(5.18) zu vereinfachen, ist eine Transformation der Ströme und Spannungen auf mitrotierende Koordinaten erforderlich. Durch diese Transformationen lassen sich die Winkelfunktionen von γ aus der Gleichung (5.18) eliminieren. Dabei werden die Ständer und Läufergrößen jeweils auf ein gemeinsames Koordinatensystem bezogen. Praktische Bedeutung erlangt haben 3 Transformationen die der Vollständigkeit halber angegeben werden.

1. Läufer auf Ständer $u_{ST} = u_S, i_{ST} = i_S,$ $i_{RT} = e^{j\gamma} i_R$

$$u_s = R_s i_s + \frac{d}{dt} \left[L_s i_s + L_h i_{RT} \right] \tag{5.19}$$

$$u_{RT} = R_R i_{RT} + \frac{d}{dt} \left[L_h i_s + L_R i_{RT} \right] - j \frac{d\gamma}{dt} \left[L_h i_s + L_R i_{RT} \right]$$

$$m = jL_h \left[-i_s i^*{}_{RT} + i^*{}_s i_{RT} \right] = L_h \, \text{Re} \left[-ji_s i^*{}_{RT} \right]$$

Hier erscheinen die Läuferströme in einem mit der Drehzahl umlaufenden Koordinatensystem.

2. Ständer auf Läufer $\quad u_{ST} = e^{-j\gamma}u_S, \qquad i_{ST} = e^{-j\gamma}i_S, \qquad i_R = i_R$

$$u_{sT} = R_s i_{sT} + \frac{d}{dt}\left[L_s i_{sT} + L_h i_R\right] + j\frac{d\gamma}{dt}\left[L_s i_{sT} + L_h i_R\right] \tag{5.20}$$

$$u_R = R_R i_R + \frac{d}{dt}\left[L_h i_{sT} + L_R i_R\right]$$

$$m = jL_h\left[-i_{sT}i^*_R + i^*_{sT}i_R\right] = L_h\,\mathrm{Re}\left[-ji_{sT}i^*_R\right]$$

Hier erscheinen die Ständerströme in einem mit der Drehzahl umlaufenden Koordinatensystem.

3. Ständer auf Läufer auf Drehfeld

$$u_{ST} = e^{-j\omega t}\,u_S, \qquad i_{ST} = e^{-j\omega t}\,i_S, \qquad i_{RT} = e^{-j(\gamma-\omega)}\,i_R$$

$$u_{sT} = R_s i_{sT} + \frac{d}{dt}\left[L_s i_{sT} + L_h i_{RT}\right] + j\left[L_s i_{sT} + L_h i_{RT}\right] \tag{5.21}$$

$$u_{RT} = R_R i_{RT} + \frac{d}{dt}\left[L_h i_{sT} + L_R i_{RT}\right] + j(\omega - \frac{d\gamma}{dt})\left[L_h i_{sT} + L_R i_{RT}\right]$$

$$m = jL_h\left[-i_{sT}i^*_{RT} + i^*_{sT}i_{RT}\right] = L_h\,\mathrm{Re}\left[-ji_{sT}i^*_{RT}\right]$$

Hier erscheinen die Läuferströme in einem mit der Differenzdrehzahl zwischen Läuferdrehzahl und Kreisfrequenz der Anschlußspannung umlaufenden Koordinatensystem. Die Ständergrößen werden in einem mit der Kreisfrquenz der Anschlußspannung rotierenden Koordinatensystem betrachtet und erscheinen deshalb bei sinusförmiger Speisung mit ihren Amplitudenwerten (Demodulation).

5.3 Parameterschätzung bei Synchronmaschinen mit Permanenterregung

Da bei den bisherigen Überlegungen lediglich vorausgesetzt wurde, daß es sich um Maschinen mit „glattem" Läufer handelt, können die verschiedenen Maschinenbeschreibungen durch Spezialisierung gewonnen werden. Um ein für die Parameterbestimmung brauchbares Modell zu gewinnen, werden einige Annahmen getroffen, die in der Praxis mit guter Näherung erfüllt sind.

Für die Synchronmaschine mit Permanenterregung wird angenommen, daß der Läufer keine oder nur unwesentliche Schwankungen des magnetischen Leitwertes aufweist und somit die Voraussetzungen des vorherigen Kapitels erfüllt sind. Es wird außerdem vorausgesetzt, daß die Durchflutungsverteilung infolge der Permanentmagneten mit ausreichender Genauigkeit durch die Grundwelle beschrieben wird.

Die durch den Permanentmagnet erzeugte Durchflutung wird durch Wicklungen modelliert die von Konstantstromquellen gespeist werden.

Infolge des konstanten Stromes im Läufer, genügt die Ständer- und Momentengleichung zur Beschreibung des Betriebsverhaltens der permanenterregten Synchronmaschine.

Es erscheint zweckmäßig, eine Beschreibung mit der Transformation 'Ständer auf Läufer' zu wählen, da dann der Läuferstrom in seinen ursprünglichen Koordinaten und somit als Konstante betrachtet werden kann. Aus der Gl(5.20) erhält man unter Beachtung von $di_R/dt = 0$ die Gleichung

$$u_{sT} = R_s i_{sT} + \frac{d}{dt}\left[L_s i_{sT}\right] + j\frac{d\gamma}{dt}\left[L_s i_{sT} + L_h i_{err}\right] \tag{5.22}$$

$$m = L_h i_{err}(i_{\beta T} - i_{\alpha T}),$$

wobei i_{err} den Ersatzstrom für den Permanentmagneten im Läufer und $i_{sT} = i_{\alpha T} + j i_{\beta T}$ den transformierten Ständerstrom bezeichnet. Mit Einführung der Magnetisierungskonstante

$$k_m = L_h \, i_{err} \qquad \text{und der Drehzahl} \tag{5.23}$$

$$\omega_m = d\gamma/dt, \tag{5.24}$$

sowie einer Ergänzung von Gl(5.22) um die Momentengleichung (5.12) , ergibt sich ein Maschinenmodell, das sich von dem der Gleichstrommaschine nur wenig unterscheidet.

$$\frac{d}{dt}\left[L_s i_{sT}\right] = -R_s i_{sT} - j\omega_m L_s i_{sT} - j\omega_m k_m + u_{sT}$$

$$\Theta\frac{d\omega_m}{dt} = -k_r\omega - M_r + k_m(i_{\beta T} - i_{\alpha T}) \tag{5.25}$$

Die Momentengleichung ist hierbei für die unbelastete Maschine, die nur durch die Reibung gebremst wird, ausgeführt. Hierbei sind Θ das mechanische Trägheitsmoment, k_r die Reibkonstante und M_r bezeichnet das konstante Reibmoment.

Die Parameterermittlung kann damit auf gleiche Weise wie bei der Gleichstrommaschine durchgeführt werden.

Betrachtet man den Auslauf der Maschine, so wird wegen $i_{sT} = 0$ die Gl(5.25) besonders einfach. Die Reibkonstante und das konstante Reibmoment wird deshalb zweckmäßigerweise aus dem Auslauf der Maschine bestimmt, da das Auslaufverhalten fast außschließlich von der Reibung bestimmt wird. Im Gegensatz zur Gleichstrommaschine kann bei der Synchronmaschine die Maschinendrehzahl direkt aus den induzierten Spannungen bestimmt werden, da wegen Gl(5.25) im Auslauffall für die Ständerspannung

$$u_{sT} = j \, \omega_m k_m, \tag{5.26}$$

gilt. Nach der Rücktransformation erhält man für die rellen Ständerspannungen

$$u_\alpha = -\omega_m k_m \sin(\omega t), \quad u_\beta = \omega_m k_m \cos(\omega t). \tag{5.27}$$

Durch quadrieren und addieren der beiden Ständerspannungen entfällt die periodische Abhängigkeit von der Drehzahl und es ergibt sich mit

$$\omega_m k_m = \sqrt{u^2_\alpha + u^2_\beta} \tag{5.28}$$

eine Größe, die direkt der Drehzahl proportional ist.

Damit ist die Bestimmung der Reibparameter bei Synchronmaschinen mit Permanenterregung auf den Fall der Gleichstrommaschine zurückgeführt. Da aus der Frequenz der Spannungssignale der genaue Wert der Drehzahl ermittelt werden kann, läßt sich außerdem die Magnetisierungskonstante aus Gl(5.27) errechnen.

Da die Spannungssignale im Auslauf durch den Verlauf des magnetischen Flusses in der Maschine bestimmt sind, läßt sich an Hand dieser Signale eine Qualitätsbeurteilung des Maschinenverhaltens durchführen. Insbesondere kann der Verlauf des wirksamen Luftspaltflusses direkt beurteilt werden, da die gemessene Spannung durch die zeitliche Änderung des Luftspaltflusses gegeben ist.

Nachdem alle mechanischen Parameter analog zur Gleichstrommaschine mit Hilfe von Gl(5.28) bestimmt wurden, kann der Drehzahlverlauf für beliebige Ständerströme aus dem Modell Gl(5.25.2) berechnet werden und wird deshalb zunächst als bekannt vorausgesetzt.

Zur Bestimmung der restlichen Maschinenparameter wird ein Betriebsfall gewählt, der durch die gesuchten Parameter wesentlich beeinflußt wird. Ein solcher Betriebsfall ist beispielsweise während des Hochlaufes gegeben oder wird durch große, möglichst regellose Spannungsschwankungen bewußt herbeigeführt.

Setzt man voraus, daß die Ständergrößen u_s und i_s gemessen werden können, so ist mit Gl.(5.25) für jeden Zeitpunkt eine lineare Gleichung für die unbekannten Parameter R_s und L_s gegeben, sofern die Drehzahl bekannt ist und der gemessene Strom zeitlich abgeleitet werden kann.

Da wegen der immer vorhandenen Meßstörungen ein direktes zeitliches Ableiten des Stromes nur sehr ungenau möglich ist, werden die Meßgrößen passend gefiltert. Wie bereits bei der Behandlung der Gleichstrommaschine ausgeführt wurde, wird eine lineare Beziehung (lineare Differentialgleichung) durch die Filterung nicht verändert, so daß die Gl.(5.25) auch für die gefilterten Größen gilt. Durch diese Vorgehensweise kann die zeitliche Ableitung des Stromes durch den zugehörigen Filterwert ersetzt und damit die direkte zeitliche Ableitung vermieden werden (Verbesserung des Signal-Rauschverhältnisses).

Die Anwendung der bereits von der Parameterbestimmung der Gleichstrommaschine bekannten Filterfunktion g auf Gl.(5.25.1) führt zu

$$L_s \, \dot{g}*[i_{sT}] = -R_s g*(i_{sT}) - jL_s g*(\omega_m i_{sT}) - jg*(\omega_m k_m) + g*u_{sT}. \qquad (5.29)$$

Bezeichnet man die gefilterten Strom und Spannungswerte zu diskreten Zeitpunkten t_k mit

$$\dot{I}_k = \dot{g}*[i_{sT}], \quad R_k = g*(i_{sT}), \quad U_k = g*u_{sT}, \quad \Omega_k = g*(_{wm}k_m), . \qquad (5.30),$$

so liegt für jeden Zeitpunkt die Bestimmungsgleichung

$$U_k - j\Omega_k = L_s(\dot{I}_k + jI_k) + R_s I_k, \qquad (5.31)$$

vor. Der Drehzahlverlauf kann aus Gl.(5.25.2) bei bekannten mechanischen Parametern zwischen den Zeitpunkten t_k und t_{k+1} mit Hilfe der Gleichung

$$\omega(t) = \omega_k + \int_{t_k}^{t} e^{-kr(t-\tau)} (\frac{-M_r}{\Theta} + \frac{k_m}{\Theta}(i_{\beta T} - i_{\alpha T})) \, dt \qquad (5.32)$$

berechnet werden. Faßt man die unbekannten Parameter L_s und R_s als Zustandsgrößen eines zeitdiskreten Systems der Form

$$\begin{pmatrix} \omega_{k+1} \\ Rs_{k+1} \\ Ls_{k+1} \end{pmatrix} = \begin{bmatrix} 1 & & \\ & 1 & \\ & & 1 \end{bmatrix} \begin{pmatrix} \omega_k \\ Rs_k \\ Ls_k \end{pmatrix} + \begin{pmatrix} \Delta\omega \\ 0 \\ 0 \end{pmatrix}, \quad \Delta\omega = \int_{t_k}^{t} e^{-kr(t-\tau)} (\frac{-M_r}{\Theta} + \frac{k_m}{\Theta}(i_{\beta T} - i_{\alpha T})) \, dt \qquad (5.33)$$

$$U_k - j\Omega_k = L_s(\dot{I}_k + jI_k) + R_s I_k$$

auf, so ist die Schätzung der gesuchten Größen auf ein Zustandsschätzproblem zurückgeführt, das mit Hilfe des Kalmanfilteralgorithmuses gelöst werden kann. Aufgrund der Stabilitätseigenschaften des Schätzalgorithmus werden Meßstörungen unterdrückt und auch bei ungenauen Werten der Reibparameter eine hinreichend genaue Berechnung der Drehzahl erreicht.

In praktischen Fällen werden Schätzgenauigkeiten von besser als 1% erzielt.

5.4 Parameterschätzung bei Asynchronmaschinen mit Kurzschlußläufern

Zunächst wird das ermittelte Modell der Iduktionsmaschine zugrunde gelegt. Die Asynchronmaschine (ASM) als Kurzschlußläufer erhält man aus dem allgemeinen Modell durch Nullsetzen der Rotorspannungen. Die in diesem Modell nicht erfaßten Sättigungserscheinungen der Hauptfeldinduktivität und der Streuwege werden später durch Zusatzterme näherungsweise berücksichtigt. Wegen der vorausgesetzten Symmetrie der ASM ist eine komplexe Zusammenfassung der Ständer- bzw. Rotorgrößen wie in Kap. 5.2.4 auch hier möglich, wobei der Index S auf „Ständer" und R auf „Rotor" hinweisen soll. Damit die meßbaren Ständergrößen nicht transformiert werden müssen, wird die Transformation 'Läufer auf Ständer' und somit die Gl.(5.19) benutzt. In ständerbezogenen Koordinaten erscheinen die Rotorströme mit Netzfrequenz. Die Gl.(5.19) beschreibt das dynamische Verhalten des idealen Einfachkäfigläufers.

Aus Zweckmäßigkeitsgründen wird das mit Gl.(5.19) gegebene Modell noch etwas umgeformt und die in der Praxis üblichen Parameter

Streuziffer $\qquad \sigma = \dfrac{L_s L_R - L_h L_h}{L_s L_R}$,

Kurzschlußzeitkonstante $\qquad \dfrac{1}{\rho_R} = \dfrac{\sigma L_R}{R_R}$, $\hfill (5.34)$

Läuferzeitkonstante $\qquad \dfrac{1}{\rho_S} = \dfrac{\sigma L_S}{R_S}$

sowie der Statorfluß $\qquad \Psi_s = L_s i_s + L_h i_R$

eingeführt. Mit diesen Parametern erhält man nach einiger Rechnung aus Gl. (5.19) die für die Parameterbestimmung zweckmäßige Modellform

$$\frac{d}{dt}\Psi_s = -R_s i_s + u_s$$

$$\frac{d}{dt}i_s = \frac{1}{\sigma L_s}(\sigma \rho_R - j\omega)\Psi_s - (\rho_R + \rho_s - j\omega)i_s + \frac{1}{\sigma L_s}u_s \qquad (5.35)$$

$$\Theta \frac{d}{dt}\omega_m = -k_r \omega - M_r + (i_{s\alpha}\Psi_{s\beta} - i_{s\beta}\Psi_{s\alpha})$$

Um im Modell (5.35) Sättigungseinflüsse auf einfache Weise berücksichtigen zu können, sind die folgenden Annahmen zweckmäßig und durch die Praxis gerechtfertigt.

111

$$\frac{L_s}{L_h} = \text{const.}, \quad \frac{L_R}{L_s} = \text{const.}, \quad sL_s i_s = f_1(i_s), \quad L_R = f_2(Y_s). \quad (5.36)$$

Die Annahmen werden insbesondere dadurch begründet, daß sowohl L_R als auch L_s bis auf die Streuinduktivitäten mit L_h identisch sind. Eine einfache Rechnung zeigt, daß die aufgeführten Quotienten auch bei starker Sättigung nur um maximal 1 Prozent vom Mittelwert abweichen.

Da bei Sättigung der Streuwege der Magnetisierungstrom sehr klein im Verhältnis zum Ständerstrom ist, wird mit $\sigma L_s i_s$ im wesentlichen der gesamte Kurzschlußfluß erfaßt; er verläuft fast ausschließlich durch die Streuwege.

Die letzte der Gleichungen (5.36) erfaßt wegen $L_R \cong L_h$ mit guter Näherung die Hauptfeldsättigung. Im Weiteren wird angenommen, daß auch im Sättigungsfall eine sinusförmige räumliche Flußverteilung zur Beschreibung ausreicht, jedoch der Betrag des Flusses nichtlinear vom erzeugenden Strombelag abhängt. Die Vorgehensweise entspricht einer harmonischen Linearisierung der Flußwelle.

Für die Abhängigkeit des Betrages des räumlichen Flußzeigers vom erregenden Strom, möge ein Potenzreihenansatz mit zwei Gliedern genügen.

$$\sigma L_s i_s = \sigma L_{s0} i_s + \sigma L_{s3} |i_s|^2 i_s, \quad \left(\frac{\Psi_s}{L_R}\right) = \frac{\Psi_s}{L_{R0}} + \frac{\Psi_s}{L_{R3}} |\Psi_s|^2 \quad (5.37)$$

Durch Einsetzen von Gl.(5.37) in Gl.(5.35) ergibt sich ein Modell der ASM mit Einfachkäfigläufer, das Sättigungseinflüsse berücksichtigt.

$$\frac{d}{dt}\Psi_s = -R_s \Psi_s + u_s$$

$$\frac{d}{dt} i_s = \frac{1}{\sigma L_s}(\sigma \rho_R + \sigma \rho_{R3}|\Psi_s|^2 - j\omega)\Psi_s - (\rho_R + \rho_s - j\omega(1 - \kappa|i_s|^2)) i_s + \frac{1}{\sigma L_s} u_s \quad (5.38)$$

$$\Theta \frac{d}{dt}\omega_m = -k_r\omega - M_r + (i_{s\alpha}\Psi_{s\beta} - i_{s\beta}\Psi)$$

Bevor auf Einzelheiten der Parameterbestimmung eingegangen wird, soll eine allgemeine Betrachtung über die Identifizierbarkeit angestellt werden, wobei als Grundlage Gl.(5.38) dient. Es wird für diese Überlegungen außerdem vereinfachend angenommen, daß die Sättigungserscheinungen vernachlässigt werden können.

Damit überhaupt eine Parameterbestimmung möglich ist, muß eine Parameteränderung eine merkliche Änderung der Meßgrößen verursachen. Einen Hinweis auf die so verstandene Identifizierbarkeit geben die stationären Empfindlichkeiten der Statorströme gegenüber Parameteränderungen bei verschiedenen

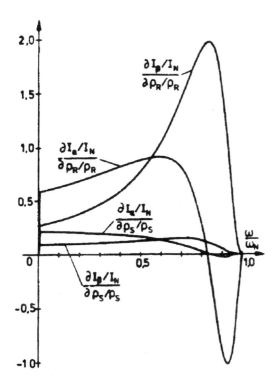

Bild 5.5:
Relative Empfind-
lichkeit der Stator-
ströme gegenüber
Änderungen der
Parameter

Schlupfwerten[1] und konstanter Klemmenspannung. Es zeigt sich, daß die
Empfindlichkeit gegenüber Rotorwiderstandsänderungen im Bereich des
Kippschlupfes (Bild 5.5) sehr groß ist und bei Synchrondrehzahl völlig ver-
schwindet. Dieses Verhalten ist plausibel, da der Kippschlupf[2] im wesentlichen
durch den Rotorwiderstand bestimmt wird und andererseits die Ströme im
Synchronismus durch diesen Parameter nicht beeinflußt werden. Der Einfluß
des Statorwiderstandes ist im ganzen Bereich, in Übereinstimmung mit der
Anschauung, relativ gering, während die Streuung wesentlich den Anfahrstrom
(Kurzschluß) (Bild 5.7) bestimmt.

---

1 Schlupf = relative Abweichung der Rotordrehzahl von der Synchrondrehzahl;
  $s = (\omega_s - \omega)/\omega$
2 Kippschlupf = Schlupf bei maximalem Drehmoment

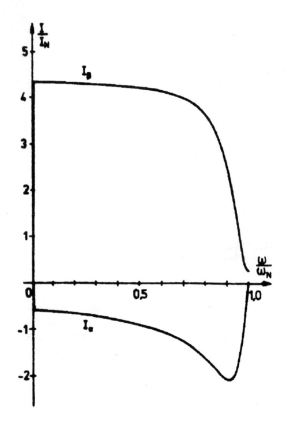

Bild 5.6:
Stationärer Verlauf
der Statorströme

Im Gegensatz hierzu ist der Verlauf der nach dem Abschalten (Auslauf) auftretenden Restspannungen ausschließlich durch die Hauptfeldzeitkonstante L_R/R_R
$= \sigma\rho_R$ bestimmt.
Es ist deswegen sinnvoll, die Spannungen der auslaufenden ASM zur Bestimmung der Hauptfeldzeitkonstante heranzuziehen.

114

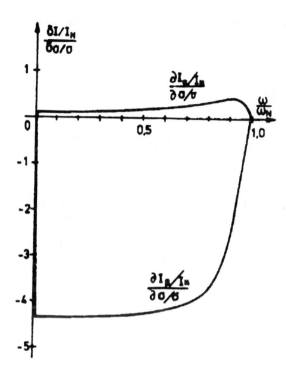

Bild 5.7:
Relative Emp-
findlichkeit des
Statorstromes
gegenüber
Änderungen der
Streuung

5.4.1 Bestimmung der Leerlaufparameter

Zur Bestimmung der Hauptfeldzeitkonstante wird aus Gl.(5.35) eine Beziehung
für die während des Auslaufes auftretenden Restspannungen hergeleitet.
Während des Auslaufes fließt kein Ständerstrom, d.h. $i_S=0$. Die Gl.(5.35) reduziert sich dadurch auf

$$\frac{d}{dt}\Psi_s = u_s$$

$$u_s = -(\sigma\rho_R - j\omega)\Psi_s \quad (5.39a)$$

$$\Theta\frac{d}{dt}\omega_m = -k_r\omega - M_r$$

$$\frac{d}{dt}\Psi_s = -(\sigma\rho_R - j\omega)\Psi_s$$

$$\frac{d}{dt}\omega_m = -k_r\omega - M_r \quad (5.39b)$$

Die Gleichung (5.39b) ist eine homogene (komplexe) DGL 1. Ordnung und kann
leicht durch Variablentrennung gelöst werden. Die Integration von (5.39b) ergibt:

$$\Psi(t) = \left|\Psi(0)\right| e^{-\sigma\rho_R t} e^{j\int\omega(\tau)d\tau} \tag{5.40}$$

115

Aus den Gleichungen (34) und (42b) läßt sich unter der zulässigen Annahme $\sigma\rho_R/\omega \ll 1$ eine einfache Gleichung für den zu messenden Betrag der Ständerspannung herleiten. Nach einiger Rechnung erhält man:

$$\frac{d}{dt}|u_s| = -(\sigma\rho_R + \frac{k_r}{\Theta})|u_s| \qquad (5.41)$$

als Gleichung zur Bestimmung der Hauptfeldzeitkonstanten aus der gemessenen Ständerspannung. Aus der Gl.(5.41) ist zu ersehen, daß die Phasenlage der Ständerspannung u im wesentlichen durch die Drehzahl bestimmt ist und somit die Frequenz der gemessenen Spannung zur Drehzahlermittlung herangezogen werden kann.

Aus dem Drehzahlverlauf können die Reibungsparameter, wie im bereits behandelten Fall der permanenterregten Synchronmaschine, ermittelt werden.

Es soll jedoch angemerkt werden, daß eine Trennung zwischen k_r und M_r hier im Allgemeinen nicht möglich ist, da der magnetische Fluß mit der Hauptfeldzeitkonstanten abklingt und deshalb nur eine verhältnismäßig kurze Meßzeit zur Verfügung steht.

Die Summe aus Hauptfeldzeitkonstante und der mechanischen Zeitkonstanten kann auf gleiche Weise mit Hilfe der Gl.(5.41) aus den Beträgen der Ständerspannung ermittelt werden.

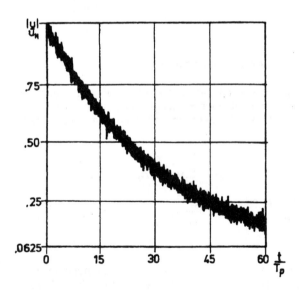

Bild 5.8:
Verlauf der
Spannungs-
meßwerte
im Auslauf

5.4.2 Bestimmung der Kurzschlußparameter

Ausgangspunkt der folgenden Betrachtung bildet die Gl.(5.35).
Es wird für die weitere Berechnung vorausgesetzt, daß die während der Auslaufphase gewonnenen Parameter bekannt sind. Durch Anwenden einer geeigneten Filterfunktion g wird unter der Annahme, daß außer der Ständerspannung u_S und dem Ständerstrom i_S die Drehzahl ω gemessen werden kann, ein geeignetes zeitdiskretes Modell für die Schätzung der Kurzschlußparameter der ASM angegebenen.

In diesem Modell werden die unbekannten Parameter als Zustandsgrößen eines zeitdiskreten Systems behandelt, so daß eine modifizierte Anwendung der Kalmanfiltertechnik die gesuchten Schätzwerte liefert.

Für den Fall, daß keine Drehzahlmessung gemessen werden kann, muß die Drehzahl aus der Momentengleichung berechnet werden.

Zuerst wird an Stelle des Ständerflusses ein modifizierter Kurzschlußstrom

$\Xi = \dfrac{1}{\sigma Ls}\, \Psi_s$ als Hilfsgröße eingeführt. Nach einer Division der ersten der drei

Gleichungen von (5.35) und anschließender Integration ergibt sich der Verlauf im Intervall $t_k < t < t_{k+1}$ der Hilfsgröße zu

$$\Xi(t) = \Xi_k + \rho_s \int_k^t i_s dt + \frac{1}{\sigma Ls} \int_k^t u_s dt \ . \tag{5.42}$$

Setzt man diesen Ausdruck in die zweite Gleichung von (5.35) ein, so erhält man den Ausdruck

$$\frac{d}{dt} i_s - (\sigma \rho_R - j\omega)\Xi_k - j\omega i_s$$

$$\tag{5.43}$$

$$= \frac{1}{\sigma L_s}[(\sigma \rho_R - j\omega)\int_k^t u_s dt + u_s] - \rho_s[(\sigma \rho_R - j\omega)\int_k^t i_s dt + i_s] - \rho_R i_s$$

der nach Anwendung einer geeigneten Filterfunktion g zum gewünschten algebraischen Ausdruck für die gesuchten Parameter führt. Mit den Abkürzungen

117

$$Ip_k = \{g*[\frac{d}{dt}i_s - (\sigma\rho_R - j\omega)\Xi_k - j\omega i_s]\}(t_k)$$

$$U_k = \{g*[(\sigma\rho_R - j\omega)\int_k^t u_s dt + u_s]\}(t_k)$$

$$Ii_k = \{g*[(\sigma\rho_R - j\omega)\int_k^t i_s dt + i_s]\}(t_k)$$

$$I_k = g*i*$$

(5.44)

erhält man aus (5.43) mit (5.42) das Gleichungssystem

$$\Xi_{k+1} = \Xi_k + \rho_s \int_k^{k+1} i_s dt + \frac{1}{\sigma Ls} \int_k^{k+1} u_s dt$$

$$Ip_k = \frac{1}{\sigma L_s}U_k - \rho_s Ii_k - \rho_R I_k$$

(5.45)

das neben den meßbaren Größen I_{pk}, U_k, I_{ik}, I_k die gesuchten Größen in linearer Form enthält. Interpretiert man die gesuchten Parameter als Zustandsgrößen eines linearen Systems, ergibt sich die Matrix

$$\begin{pmatrix} \Xi \\ \rho_s \\ \rho_R \\ 1 \\ \sigma L_s \end{pmatrix}_{k+1} = \begin{bmatrix} 1 & \int_k^{k+1} i_s dt & & \int_k^{k+1} u_s dt \\ & 1 & & \\ & & 1 & \\ & & & 1 \end{bmatrix} \begin{pmatrix} \Xi \\ \rho_s \\ \rho_R \\ 1 \\ \sigma L_s \end{pmatrix}_k$$

$$Ip_k = \begin{pmatrix} 0 & -Ii_k & -Ik & U_k \end{pmatrix} \begin{pmatrix} \Xi \\ \rho_s \\ \rho_R \\ 1 \\ \sigma L_s \end{pmatrix}_k$$

deren Zustandsgrößen mit Hilfe des Kalmanfilteralgorithmus aus den laufenden Messungen ermittelt werden können.
Zur Verifikation des erläuterten Verfahrens werden die Ergebnisse eines praktischen Beispiels gezeigt. Die Parameter wurden während eines Hochlaufes ermittelt, wobei Ständergrößen $i_s(t)$ und $u_s(t)$ während des Hochlaufs meßbar waren. Außerdem war der Ständerwiderstand R_s bekannt, und es lag ein hinreichend genauer Schätzwert für $\sigma_{\pi R}$ aus dem Auslauf vor. Ein für die Schätzung

wesentlicher Punkt ist neben der Wahl einer geeigneten Filterfunktion g die Filterdauer. Es zeigte sich, daß ein Filter mit dreieckiger Gewichtsfunktion genügt. Die Filterdauer wird so gewählt, daß einerseits hochfrequente Störungen unterdrückt werden und andererseits keine wesentliche Beeinträchtigung des Nutzsignals stattfindet.

Es liegt nahe, die halbe oder ganze Netzperiode als Filterdauer zu wählen. Wählt man die halbe Netzperiode, so kann die Abtastzeit ebenfalls eine halbe Netzperiode betragen. Diese Abtastzeit sollte auch bei Wahl der vollen Netzperiode als Filterdauer beibehalten werden, da andernfalls Signale mit Netzfrequenz nicht von konstanten Signalverläufen unterschieden werden können.

Dadurch, daß sich bei großen Trägheitsmomenten die Drehzahl zwischen zwei aufeinanderfolgenden Abtastzeiten nur wenig ändert, kann der Drehverlauf in einem solchen Zeitintervall durch den zugehörigen Mittelwert ersetzt werden.

Es zeigt sich, daß diese Näherung auch bei sehr schnellen Hochläufen zulässig ist, da die geschätzten Parameter in ungünstigsten Fällen (Hochlaufzeit ca. 80 ms) lediglich um 0,5% verändert werden. Mit dieser Vereinfachung wird der Gesamtaufwand des Schätzverfahrens wesentlich reduziert.

Die folgenden Ergebnisse zeigen, daß eine Schätzgenauigkeit von <1% für die Streuinduktivität und ca. 2% für den Rotorwiderstand zu erwarten sind, wenn lediglich die Spannungs- und Stromverläufe während des Hochlaufes zur Parameterschätzung herangezogen werden.

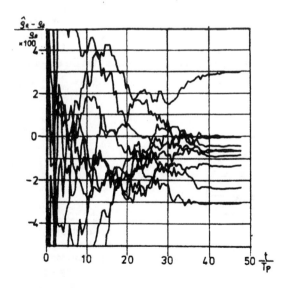

Bild 5.8:
Prozentualer
Fehler des
geschätzen
Rotorwider-
standes bei
mehreren
Hochläufen

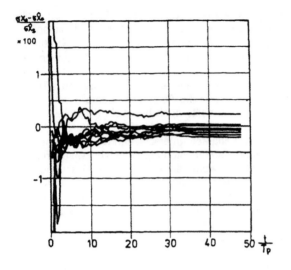

Bild 5.9:
Prozentualer
Fehler der
geschätzten Streu-
induktivität bei
mehreren
Hochläufen

5.4.3 Verzicht auf Drehzahlmeßwerte

Wegen des Meßaufwandes ist die bei der Durchführung der beschriebenen Algorithmen notwendige Drehzahlmessung nachteilig. Berücksichtigt man jedoch im Gegensatz zum vorherigen die Bewegungsgleichung der zu messenden Maschine, so läßt sich ein für die Schätzung der Drehzahl und der Parameter geeignetes Gleichungssystem gewinnen. Für den benötigten Drehzahlwert wird dann der Prädiktionswert verwendet, der sich aus der Bewegungsgleichung ergibt.

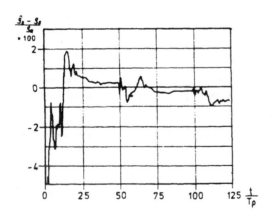

Bild 5.10:
Prozentualer
Fehler des
geschätzten
Rotorwiderstandes
bei Verzicht auf
Drehzahlmessung

120

Die Ergebnisse zeigen, daß dadurch keine wesentliche Genauigkeiteinbuße bei der Schätzung befürchtet werden muß.

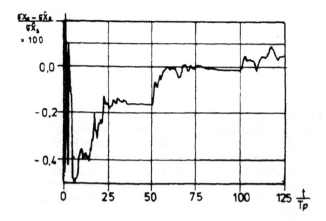

Bild 5.11: Prozentualer Fehler der geschätzten Streuinduktivität bei Verzicht auf Drehzahlmessung

6. Klassifikation in der akustischen Abnahmediagnostik

F. Hillenbrand

6.1 Einführung

Die akustischen Gebrauchseigenschaften einer Maschine oder eines Maschinenelements sind am Ende des Fertigungsprozesses einer Prüfung zu unterziehen, da sie aufgrund von stochastischen Streuungen der Fertigungstoleranzen Schwankungen unterliegen. Die Schallemmision einer Maschine oder eines Maschinenelementes ist in vielen Fällen ein Hinweis auf die Fertigungsgüte bezüglich bestimmter Fertigungsfehler. Außerdem wird gefordert, daß ein vorgeschriebener Schallpegel nicht überschritten wird um einen gewissen Komfort zu gewährleisten.

Für die Durchführung der akustischen Abnahmediagnostik ergeben sich zwei prinzipielle Probleme:

1. Umgebungsbedingung

Die akustischen Eigenschaften eines Gebrauchsgegenstands werden im allgemeinen über Luftschallgrenzwerte definiert. Die Messung von Luftschall während der laufenden Produktion ist aber nur mit größerem Aufwand (Luftschallisolation) möglich, der oft in keinem Verhältnis zu den Kosten des hergestellten Produkts steht.

2. Funktionaler Zusammenhang Luftschall-Körperschall

Die Übertragung der Luftschallgrenzwerte des Produkts in entsprechende Körperschallgrenzwerte ist funktional nicht möglich, so daß die Körperschallgrenzwerte experimentell aus den Luftschallgrenzwerten ermittelt werden müssen.

Das letztere Problem kann mit Hilfe von Lernverfahren gelöst werden, von denen eine Auswahl im Folgenden kurz dargestellt wird.

Die Lernalgorithmen benutzen entweder eine vorgegebene Klassifikation der Prüflinge oder eine vorgegebene Merkmalsauswahl für eine Strukturanalyse der Prüflingsdaten und können nach erfolgreicher Lernphase zur Entscheidungsfindung eingesetzt werden.

6.2 Formulierung des Klassifikationsproblems

Gegeben ist eine Menge Φ von L Prüflingen P_i mit $i \in [0,L]$. Für jeden Prüfling der Menge Φ wird ein Merkmalsdatensatz D_i berechnet und in der Matrix D_{ir} mit $r \in [1,R]$ (R= Anzahl der berechneten Merkmale) zusammengefaßt.

In Abhängigkeit von dem Vorwissen über die zu untersuchenden Prüflinge werden zwei unterscheidliche Vorgehensweisen unterschieden:
- *Clusteranalyse*
  Für die Verfahren der Clusteranalyse ist die Klassenstruktur der zu klassifizierenden Prüflinge unbekannt, die die Klassenstruktur beschreibenden Merkmale sind bekannt. Eine Beschreibung der Verfahren der Clusteranalyse erfolgt später.
- *Selektionsfunktionen*
  Für die Verfahren der Selektionsfunktionen sind die zu klassifizierenden Prüflingen vorklassiert und die die Klassenstruktur beschreibenden Merkmale sind unbekannt.

Nach der Durchführung der Verfahren der Clusteranalyse bzw. der Selektionsfunktionen sind die Klassenstruktur der Daten und die die Klassenstruktur der beschreibenden Merkmale bekannt.

Es existiert somit eine Zuordnungsfunktion Z_i mit $i \in [1, L]$ und $Z_i \in [1 , K]$, wobei L der Anzahl der Prüflinge und K der Anzahl der Klassen entspricht, und ein Satz von Merkmalen M_h mit $h \in [1, H]$, wobei H der Anzahl der die Klassenstruktur C_p beschreibenden Merkmale entspricht.
Auf den Satz von Merkmalen M_h und die Zuordnungsfunktion Z_i wird nun ein Lernverfahren $\Psi(M_h, Z_i)$ angewandt, das als Ergebnis die Klassenstruktur C_p mit $p \in [1, K]$ (K=Anzahl der Klassen) bestimmt. Die Klassenstruktur C_p wird der Entscheidungsfunktion $\Xi(C_p,x)$ als Parameter für die Klassierung neuer Prüflinge x übergeben.
Die Verfahren der Entscheidungsfunktion $\Xi()$ sind direkt mit den Lernverfahren $\Psi(Mh, C_p)$ verknüpft.

6.3 Clusteranalyse

Die Verfahren der Clusteranalyse analysieren einen vorgegebenen Satz von Merkmalen auf Klassenstrukturen und geben als Ergebnis die ermittelte Klassenzuordungsfunktion Z_i zurück. Im Vektor Z_i, mit $i \in [1, L]$ und $Z_i \in [1 , K]$, ist für jeden Prüfling die Nummer der zugeordneten Klasse eingetragen.

Verfahren:

Die Verfahren der Clusteranalyse sind Algorithmen, die den vorgegebenen Satz von Merkmalen analysieren und Prüflinge unter einer vorgegebenen Norm einer Klasse zuweisen. Als Bewertungsmaßstäbe dienen dabei die Homogenität bzw. die Separierbarkeit der Klassen.

- Homogene Klassen liegen vor, wenn alle Prüflinge $P(C_p)$, die der Klasse C_p zugewiesen wurden, ähnliche Merkmale M besitzten. Die Einteilung in homogene Klassen zieht meistens eine schlechte Separierbarkeit der Klassen nach sich.
- Separierbare Klassen liegen vor, wenn alle Klassen gut trennbar sind, d.h. es liegen keine Klassenüberschneidungen vor. Separierbare Klassen ziehen oft nichtausschöpfende Klassifikatoren nach sich, da Zwischenelemente eine eindeutige Trennbarkeit der Klassen verhindern.

Zur Durchführung der Clusteralgorithmen wird die Distanzmatrix Δ eingeführt. In der Distanzmatrix Δ werden die Abstände aller Merkmalsdatensätze untereinander eingeordnet.
Es existieren verschiedene Verfahren zur Auswertung der Distanzmatrix und zur Generierung der Zuordnungsfunktion. Hier eine kleine Auswahl:

Verfahren des nächsten Nachbarn
Beim Verfahren des nächsten Nachbarn wird der untersuchte Prüfling der Klasse zugewiesen, die den Merkmalsdatensatz mit dem geringsten Abstand aufweist. Das Verfahren berücksichtigt dabei lediglich die Separierbarkeit der Merkmalsdaten und legt keinen Wert auf die Homogenität der Klassen.

Verfahren der mittleren Distanzen
Beim Verfahren der mittleren Distanz wird der untersuchte Prüfling der Klasse zugewiesen, deren mittlerer Abstand zum Prüfling am geringsten ist. Damit wird ein Kompromiß zwischen der Bewertung der Separierbarkeit und der Homogenität erzielt.

Zentroid-Verfahren
In diesem Verfahren wird der Abstand der Mittelpunkte der Klassen mit dem untersuchten Prüfling verglichen. Die Klassenzuordnung erfolgt zur Klasse mit dem geringsten mittleren Abstand.

Selektionsalgorithmus

Bei einer vorgegebenen Klassifikation der Prüflinge können mittels eines Selektionsalgorithmus aus einem Pool von Merkmalen die zur Beschreibung der Klassifikation notwendigen Merkmale extrahiert werden. Gesucht ist dabei die kleinste Untermenge aus dem Pool der Merkmale, die die Klassifikation mit einer möglichst geringen Fehlerrate zuläßt.

Dazu wird die bekannte Zuordnungsfunktion Z_i und die Matrix der Merkmale D_{ir} einem Operator unterworfen. Das Ergebnis der Operation ist die Matrix der notwendigen Merkmale M_h. Hierbei werden nur Einzelmerkmale berücksichtigt. Der Informationsgehalt verknüpfter Merkmale ist offensichtlich größer, aber der Aufwand steigt drastisch mit der Anzahl der zu untersuchenden Merkmale.

Es existieren verschiedene Verfahren zur Selektion der beschreibenden Merkmale. Die Auswahl der hier vorgestellten Verfahren erhebt keinen Anspruch auf Vollständigkeit:

Minimaler Wert aller Klassenabstände

Zur Auswahl der Merkmale mit dem Verfahren der minimalen Werte aller Klassenabstände wird für jedes Merkmal eine Abstandsmatrix $X_{ij}(r)$ ($i \in [1,K]$, $j \in [1,K]$, $i \neq j$, $r \in [1,R]$) aller Mittelpunktsvektoren m_i berechnet. Aus allen Abstandsmatrizen wird der minimale Abstand als Gütemaß G für die Trennbarkeit der Klassen gewählt. Das geeignetste Merkmal zur Trennung der Klassen besitzt das größte Gütemaß G.

Gütemaß: $\qquad G_n = \min_n (X_{ij}(r))$
bestes Merkmal: $\qquad \max(G_n)$

Mittelwert aller Klassenabstände

Bei diesem Verfahren wird die Bewertungsfunktion mit Hilfe der Mittelwerte aller Klassenabstände bestimmt. Das Maximum der Bewertungsfunktion bestimmt wiederum das beste zur Trennung der Klassen verwendbare Merkmal.

Gütemaß: $\qquad G_n = \dfrac{2}{K(K-1)} \sum_{i=2}^{K} \sum_{j=1}^{i-1} X_{ij}$

bestes Merkmal: $\max(G_n)$

6.4 Lernverfahren und Entscheidungsfunktion

Nach der Bestimmung der Zuordnungsfunktion Z_i und der beschreibenden Merkmale M_h sind die Voraussetzungen für die Anwendung einer Lernstrategie erfüllt. Nach der erfolgreichen Anwendung der Lernstrategien steht ein vollständiges Klassifikationssystem mit Hilfe der Entscheidungsfunktionen zur Verfügung. Im Folgenden werden eine Auswahl von unterschiedlichen Klassifikatoren beschrieben:

Verfahren des nächsten Nachbarn

Das Lernverfahren des nächsten Nachbarn ist mit der Bestimmung der Zuordnungsfunktion Z_i und der beschreibenden Merkmale M_h schon abgeschossen. Als Entscheidungsfunktion dient ein Abstandsmaß zu allen vorgegebenen Datensätzen der Lernstichprobe. Die Zuordnung erfolgt zu der Klasse zu der der zu entscheidende Datensatz den geringsten Abstand aufweist. Das Verfahren ist sehr rechenintensiv, da alle Merkmalsdatensätze der Lernstichprobe bei der Entscheidung zur Verfügung stehen müssen.

L2-Abstandsklassifikator

Das Lernverfahren des L2-Abstandsklassifikators beruht auf der Berechnung der Mittelpunktsvektoren der Klassen. Die Entscheidungsfunktion berechnet den Abstand des zu entscheidenden Datensatzes zu den Mittelpunkten aller Klassen. Die Klassenzuordnung erfolgt zur Klasse mit dem geringsten Abstand.

6.5 Beispiel

Das Beispiel basiert auf 10 unterschiedlichen Prüflingen, die mit Hilfe von drei Merkmalen in drei Klassen eingeteilt werden sollen. Folgende Klassenstruktur ist gewünscht:

$C(1) = \{ 1, 2, 3, 4 \}$
$C(2) = \{ 5, 6, 7, 8 \}$
$C(3) = \{ 9, 10 \}$

Durch den Vergleich der Merkmale wird die Klassenstruktur sofort in den Merkmalen 1 und 2 sichtbar. Das 3. Merkmal zeigt keine Signifikanz für die Klassifizierung.

Prüfling	Klasse	1. Merkmal	2. Merkmal	3. Merkmal
1	1	1.33	2.45	1.01
2	1	1.21	2.47	1.03
3	1	1.11	2.55	1.05
4	1	1.04	2.58	1.09
5	2	2.12	1.6	1.04
6	2	2.10	1.5	1.02
7	2	2.01	1.48	0.98
8	2	2.09	1.57	0.95
9	3	4.10	3.6	1.01
10	3	4.20	3.49	1.05

Damit ergeben sich folgende Mittelpunkte der Klassen

Klasse	1. Merkmal	2. Merkmal	3. Merkmal
1	1.1725	2.5125	1.045
2	2.08	1.5375	0.9975
3	4.15	3.545	1.03

Die Klassenstruktur wird bei der graphischen Darstellung der Merkmale 1 und 2 sofort deutlich.

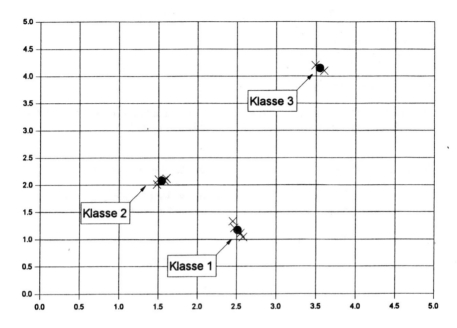

Bild 6.1: Darstellung des 1. und 2. Merkmals (Dicke Punkte entsprechen den Mittelpunkten der Klassen)

Zur Reduktion der beschreibenden Merkmale wird das Verfahren der minimalen Klassenabstände verwendet.

Merkmal 1:
Berechnung der Differenzen zwischen den Klassenmittelpunkten
$G_{11} = (m_{11} - m_{12})^2 = 0.824$
$G_{12} = (m_{11} - m_{13})^2 = 8.866$
$G_{13} = (m_{12} - m_{13})^2 = 4.285$

$G_1 = min(G_{11}, G_{12}, G_{13}) = 0.824$

Merkmal 2:
Berechnung der Differenzen zwischen den Klassenmittelpunkten
$G_{21} = (m_{21} - m_{22})^2 = 0.951$
$G_{22} = (m_{21} - m_{23})^2 = 1.060$
$G_{23} = (m_{22} - m_{23})^2 = 4.03$

$G_2 = \min(\ G_{21},\ G_{22},\ G_{23}\ ) = 0.951$

Merkmal 3:
Berechnung der Differenzen zwischen den Klassenmittelpunkten
$G_{31} = (\ m_{31} - m_{32}\ )^2 = 0.002$
$G_{32} = (\ m_{31} - m_{33}\ )^2 = 0.0002$
$G_{33} = (\ m_{32} - m_{33}\ )^2 = 0.001$

$G_3 = \min(\ G_{31},\ G_{32},\ G_{33}\ ) = 0.001$

Die optimale Trennung der Klassen erreicht man somit mit Hilfe des 2. Merkmals, da es das Maximum der Bewertungsfunktionen besitzt.

Als Lern- und Entscheidungsverfahren wird das L2-Verfahren benutzt.

Das Lernverfahren beinhaltet somit lediglich die Berechnung der Mittelpunktsvektoren der Klassen, die in folgender Tabelle wiedergegeben sind.

Klasse	2. Merkmal
1	2.5125
2	1.5375
3	3.545

Für die Klassifizierung eines neuen Datensatzes x = { 1.09, 2.21, 0.9 } werden die Abstände des Datensatzes x zu allen Mittelpunktsvektoren der Klassen berechnet, wobei lediglich das 2. Merkmal zur Klassifikation benutzt wird.

$d_1 = (\ 2.5125 - 2.21\ )^2 = 0.0915$
$d_2 = (\ 1.5375 - 2.21\ )^2 = 0.4522$
$d_3 = (\ 3.545\ \ - 2.21\ )^2 = 1.782$

Der neue Datensatz wird somit der Klasse 1 zugeordnet, da der Mittelpunktsvektor dieser Klasse den geringsten Abstand zum untersuchten Datensatz aufweist.

6.6 Merkmale in der akustischen Abnahmediagnostik

Zur Beschreibung und Klassifikation von Körperschalldaten können unterschiedliche Merkmale der akustischen Abnahmediagnostik benutzt werden.

Im Folgenden ist eine Aufstellung einiger Merkmale wiedergegeben. Die Auswahl ist nach Bauteilen bzw. Maschinenelementen geordnet.

fehlerhaftes Bauteil	Auswirkung	Merkmal
Wälzlager	Spektrale Überhöhung des Körperschallsignals bei hohen Frequenzen	Hochpaßfilter, Effektivwert
Wälzlager	Geschädigte Lager regen die Struktur des Prüflings bei jedem Überrollen des Fehlers zu Schwingungen an. Diese Schwingungen treten bei den Resonanzfrequenzen der Struktur auf und führen zu einem peakhaltigen Signal mit der Drehfrequenz als Wiederholungsfrequenz	Bandpaßfilter Amplitudenmodulation
Welle Streifgeräusche	Mit der Umdrehungsfrequenz wiederholende Geräusche, die im allgemeinen im Schwingungssignal untergehen	statistische Momente
Welle Unwucht	Erhöhte Schwingung exakt mit der Drehzahl	Bandpaßfilter
Welle Ausrichtfehler	Erhöhte Schwingungen vorwiegend mit der Drehzahl, begleitet von niedrigen Harmonischen	Bandpaßfilter
Welle verbogen	Drehfrequente Schwingungen mit dem Auftreten niedriger Harmonischer	Bandpaßfilter
Welle angerissen	Anstieg der drehfrequenten Komponente und der ersten Harmonischen	Bandpaßfilter Cepstrum

Gleitlager Öl-Whirl	Änderungen im Spektrum bei der Frequenz f = (0.42-0.48)*Drehfrequenz	Bandpaßfilter
Gleitlager lose Lager- komponenten oder unzulässig hohes Lagerspiel	Verstärktes Auftreten von Schwingungen bei der Drehfrequenz und deren Harmonischen und Subharmonischen	Cepstrum
Lager Ausrichtfehler	Erhöhte Schwingungen bei der Drehfrequenz und eine verstärkte Tendenz zum Auftreten höherer Harmonischer	Ordnungsspektrum Cepstrum
Elektroantrieb magnetisch induzierte Schwingungen	Wegen der symmetrischen Bedingungen für den magne- tischen Nord- und Südpol ist die resultierende Schwingungs- frequenz gleich der doppelten Netzfrequenz (Polpassierfrequenz)	Bandpaßfilter
Zahnradgetriebe	Zahndeformationen, starke Lastabhängigkeit	Cepstrum
Zahnradgetriebe Ausbrechen oder Abnutzung eines Zahnes	Auftreten von Seitenbändern beiderseits der Zahneingriffs- frequenz und deren Harmonischen	Cepstrum
Zahnradgetriebe Verschleiß der Zähne	Anwachsen der Schwingungs- komponenten mit der Zahn- eingriffsfrequenz und deren Harmonischen, wobei die Harmonischen mit steigender Frequenz typischerweise mehr zunehmen	Spektrum Cepstrum

Kommutatorfehler Unrundheit	Anwachsen der drehfrequenten Anteile und deren Harmonischen	Spektrum
Triebriemen	Erhöhte Schwingungen bei der Drehzahl und den ersten drei Oberschwingungen der Drehzahl	Spektrum

Sachregister

Abgabeleistung 92
Abgabemoment 94
Abtasttheorem 26
Aktive Bremse 59
Aliasing-Effekt 26
Amplitudenkurve 24
Anlaufstrom 92
Antialiasingfilter 81
Asynchronmaschine 111
Ausgangskalibrierung 62
Aussetzbetrieb 19
Autokorrelation 36

Baumusterprüfung 8
Bedienbarkeit 56
Belastungseinrichtung 56, 74
Belastungsmaschine 56
Belastungsprogramm 19
Betrag der Information 27
Betriebsarten 15, 18
Betriebssicherheit 61
Bewegungsgleichung 104
Binärcode 26

Clusteranalyse 123
Codierung 26
Computer Aided Quality Management 5

Datenbank 9
Datenblattgenerator 77
Dauerbetrieb 19
Dehnungsmeßstreifen (DMS) 39
Drehmoment 10
Drehmoment-Drehzahlkennlinie 57
Drehmomentenmeßeinrichtung 74
Drehmoment-Kalibrier-Einrichtung 69
Drehmomentwelligkeit 14
Drehrichtungserkennung 95
Drehsteife Verbindung 60
Drehzahl 10
Dualcode 27

Echtzeitdatenreduktion 9
Eigeninduktivitäten 102
Einzelprüfungsplatz 77

Elektrisches Moment 105
EMV-Richtlinie 8
Endprüfung 7
Endübertemperatur 19
Energiedichte 30
Energiespektrum 30
Erwärmungsprüfung 15

Faltung 30
Farbpyrometer 54
Fast-Fourier-Transform (FFT) 32
Fehlerart 75
Fehlerort 75
Fehlerursache 75
Feldplatte 48
Fertigungsgüte 122
Fertigungstoleranzen 122
Filterfunktion 110
Filtergewichtsfunktion 81
Filterung 25, 80
Folienwiderstände 64
Fourierreihe 29
Fourier-Transformation 29
Frequenzumrichter 14
Fuzzy-Patern-Klassifikation 21

Geräuschanalyse 21, 74, 77
Geräusche 21, 75
Geräuschemission 21
Geräuschspektrum 22
Gesamtinformation 27
Gesamtstrahlungspyrometer 54
Gewährleistungskosten 97
Gleichstrommaschine 108
Grenztemperatur 16
Gütemaß 125

Hall-Sensor 47
Hauptfeldzeitkonstante 98, 114
Heißleiter 52
Herstellererklärung 62
Hochspannungstest 95
Homogene Klassen 124
Hysteresebremse 58

Induktionsmaschine 98, 103, 105
Induktive Meßwertaufnehmer 42
Induktivitäten 104
Interferometer 49
ISO 9000-Zertifikat 7
Isoliervermögen 23

Kalibrierkette 70
Kalibrierung 8
Kalibrier-Zertifikate 69
Kalman-Filtertechnik 84
Kaltleiter 53
Kanalkapazität 27
K-Faktor 40
Kirchhoffsche Sätze 104
Klassenstruktur 123
Koppelinduktivitäten 102
Körperschall 122
Körperschallgrenze 122
Kreuzkorrelation 37
Kundenorientierte Produktentwicklung 5
Kupplungssystem 60
Kurzzeitbetrieb 19

Ladungsverstärker 44
Laplacetransformation 32
Laser-Doppler-Vibrometer 49
Laserinterferometer 49
Läuferströme 107
Leerlaufdrehzahl 92
Leistung 13
Leitwertfunktion 103
Lernalgorithmen 122
Lernstichprobe 125
Losprüfung 5
Luftschallgrenzwerte 122

Magnetisierungskonstante 109
Magnetische
- Energie 105
- Flüsse 104
- Geber 84
Magnetpulverbremse 58
Maschinenmodell 108
Maschinenparameter 99
Membrankupplung 60
Merkmalsauswahl 122
Meßdatei 9
Meßdynamik 23
Meßflächenschalldruckpegel 22

Meßgröße 9
Meßkette 25
Meßmittel 74
Modellbildung 76
Momentnebenschlußprinzip 67
Motorkennlinie 9
Motorprüfstand 74

Nennbetriebsarten 19
Neukalibrieung 62
NTC-Widerstand 52

OFW-Sensor 46
Optische Geber 84
Ordnungsanalyse 23

Parameterbestimmung 112
Parameterermittlung 108
Parsevalsches Theorem 30
Passive Bremse 58
Permanenterregung 108
Piezoelektrische Meßwertaufnehmer 43
Positionserfassung 48
Power Analyzer 14
Produktnorm 7
Prüfkosten 97
Prüfmechanik 74
Prüfmittelüberwachung 7
Prüfmittelverwaltung 5
Prüfmodule 61
Prüfstandskosten 97
PTC-Widerstand 53
Pyrometrie 53

Qualitätskreis 5
Qualitätssicherung 5
Qualitätssystem 77
Quality Funktion Deployment 5
Quantisierung 26

Raumzeigerdarstellung 106
Reibparameter 109
Rückverfolgbarkeit 8

Schall 20
Schalldruckmessung 22
Schalldruckpegelwert 21
Schalleistungspegel 21
Schlauchkupplung 60
Selektionsalgorithmus 124

Selektionsfunktionen 123
Separierbare Klassen 124
Signalanalyse 28
Signalvorverarbeitung 79
Ständerspannung 109
Ständerströme 107
Statistical Process Control 5
Statistikprogramm 77
Steifigkeit 93
Stochastische Prozesse 35
Stromrichter 14
Stromrippel 84
Stufenzahl 26
Synchronmaschine 108
Systemnorm 7

Tachogenerator 84
TA-Lärm 21
Teilstrahlungspyrometer 54
Temperatur 15

Temperatur-Einstellvorgang 17
Temperaturmessung 16, 50
Thermoelement 50, 51
Torsionsstrecke 64

Überlastschutz 67
Übertemperatur 15
Übertragungsbandbreite 23
Übertragungsfunktion 23

Vibration 20

Wegmessung 49
Wicklungsprüfung 23
Widerstandsthermometer 50, 51
Wirbelstrombremse 58
Wirkungsgrad 13

Z-Transformation 33
Zustandsschätzproblem 110

Autorenverzeichnis

Dipl.-Phys. Alfred Hederer
Bad Herrenalb

Dr.-Ing. Franz Hillenbrand
imc Meßsysteme GmbH
Berlin

Erich König
Dr. Staiger, Mohilo + Co GmbH
Schorndorf

Prof. Dr.-Ing. Klaus Metzger
imc Meßsysteme GmbH
Berlin

expert verlag

Privatdozent Dr.-Ing. habil. Nguyen Phung Quang,
Dr.-Ing. habil. Jörg-Andreas Dittrich

Praxis der feldorientierten Drehstromantriebsregelungen

2. neubearbeitete Auflage 1999, 267 Seiten, 134 Bilder, 149 Literaturstellen,
Reihe Technik, DM 68,–, öS 496,–, sfr 62,--
ISBN 3-8169-1698-8

Dieses Buch ist praxisorientiert verfasst und daher für die praktische Arbeit geeignet. Nach einem Überblick über die Grundstruktur eines feldorientiert geregelten Drehstromantriebs-systems werden die hauptsächlichen Gesichtspunkte zum Entwurf und zur Anwendung erläutert. Den Schwerpunkt des Buches bildet die detaillierte Beschreibung der Entwurfsgänge. Die Beschreibung wird durch zahlreiche Formeln, Bilder und Diagramme ergänzt und verständlich gemacht. Anhand der Grundgleichungen lassen sich die kontinuierlichen und dann die diskreten Maschinenmodelle des Asynchronmotors mit Kurzschlußläufer sowie des permanentmagneterregten Synchronvollpolmotors ableiten. Die vektoriellen Stromregler, die mit Hilfe der diskreten Modelle entworfen sind, werden im Zusammenhang mit anderen wichtigen Problemen wie Systemrandbedingung und Stellgrößenbegren-zung ausführlich behandelt. Es werden mehrere alternative Reglerkonfigurationen vorgestellt. Die Raumzeigermodulationen, die Feldorientierung und die Koordinatentransformationen werden ebenfalls aus der Sicht der praktischen Handhabung behandelt. Die üblicherweise als abstrakt geltenden Probleme wie die Parameteridentifikation, -adaption und die Zustandsführung werden so dargestellt, daß der Leser auch hier nicht nur Ansätze, sondern auch nachvollziehbare Lösungen für sein System erhält.

Inhalt:
Vorwort - Einführung: Prinzip der Feldorientierung und Struktur eines feldorientiert geregelten Drehstromantriebssystems - Wechselrichteransteuerung mittels Raumzeigermodulation - Maschinenmodelle als Voraussetzung zum Entwurf der Regelungen und Beobachter - Probleme der Istwerterfassung und der Feldorientierung - Dynamische Stromregelung zur schnellen Drehmomenteinprägung - Ersatzschaltbilder und Verfahren zur Ermittlung der Systemparameter - Online-Adaption der Rotorzeitkonstante bei ASM - Optimale Zustandgrößen- und Sollwertsteuerung bei Asynchronantrieben - Anhänge (Normierung, Modelldiskretisierung, Methode der kleinsten Fehlerquadrate) - Formelzeichen und Abkürzungen - Sachregister

Fordern Sie unsere Fachverzeichnisse an!
Tel. 07159/9265-0, FAX 07159/9265-20
e-mail: expert @ expertverlag.de
Internet: http://www.expertverlag.de

expert verlag GmbH · Postfach 2020 · D-71268 Renningen